# 제주문화의 원류, 해민정신

제주문화의 원류, 해민정신

**원저자** 송성대
**글쓴이** 김정숙 진관훈 강만익 정지훈
**엮은이** 제주대학교 사범대학 지리교육과
**사진 디자인 편집** 박경훈
**펴낸이** 강정희
**펴낸곳** 도서출판 각 Ltd.
**초판 인쇄** 2023년 월 일
**초판 발행** 2023년 월 일

도서출판 각 Ltd.
**주소** (63168) 제주특별자치도 제주시 관덕로6길 17 2층
**전화** 064·725·4410
**팩스** 064·759·4410
**등록번호** 제651-2016-000013호

ISBN 979-11-88339-

값 원

海民 THE JEJUIAN SEAMANSHIP
제주문화의 원류
해민정신

## 간행사

　제주대학교 사범대학 지리교육전공을 창설하신 고(故) 송성대(宋成大) 교수님의 정년퇴직에 즈음하여 지리학의 다양한 분야에서 나온 그간의 연구 성과를 엮은 『제주지리론』(2010년, 한국학술정보)을 간행한 지도 벌써 10년이 훨씬 넘었다. 물론 이후에도 제주에서 활동하는 몇몇 지리학자들이 중심이 되어 지리학적 논의의 장을 마련하였으나 여러 사정으로 인해 후속 작업이 여의치 못했다.

　이러한 상황에서 이번 『제주지리론2-제주문화의 원류, 해민정신』 발간은 제주지리 연구를 진작시키고 기존 성과를 새롭게 재평가하는 취지로 고 송성대 교수님의 역작을 대중들에게 쉽게 소개하기 위해 펴낸 것이다. 고 송성대 교수님은 1996년 제주문화를 문화지리학자의 시선으로 해석한 『제주인의 해민정신』을 출간하여 제주의 정체성, 지역 정신의 논의를 선도하였다. 이후 1997년 개정 증보판을 간행했으며 2001년에는 『문화의 원류와 그 이해』라는 타이틀로 제3판을 간행했다. 이어 2019년에는 방대한 내용을 수정, 증보하여 1,000페이지가 넘는 거작을 남기셨다.

　다만 한 가지 아쉬운 점은 저서의 분량이 방대하고 전문 학술 용어들이 너무 많아 일반 독자들로서는 이해하기가 쉽지 않다는 것이다. 이에 몇 제자가 중심이 되어 스승의 방대한 저작을 쉽고 간략하게 풀어써 독자 대중들에게 평이하게 다가갈 목적으로 본서를 만들게 되었다. 하지만 『제주지리론2-제주문화의 원류, 해민정신』의 부제에서 드러나듯이 대중들이 쉽게 이해할 수 있으면서도 원저자의 입론이 조금도 왜곡되지 않도록 각별한 심혈을 기울였다. 이 책 본문의 1, 2장은 김정숙 선생, 3장은 강만익 선생, 4, 5, 6장은 진관훈 선생이 재작성했으며 정지훈 선생이 전체 윤문을 담당했다. 이들은 모두 송 교수님의 가르침을 받은 학부 제자들이다. 여기에 송 교수님의 원저를 처음부터 맡아 출판한 도서출판 각 박경훈 대표가 설명 삽화와 사진을 첨가하고 보완하였다. 모쪼록 송 교수님의 저서가 새롭게 빛을 발할 수 있도록 도와준 이분들에게 제주대학교 사범대학 지리교육과 학과장으로서 깊이 감사드린다.

　이 책은 연구 방법론을 다룬 원저서의 1장을 제외한 나머지 장의 내용을 쉽게 풀이하여 새로 정리하였다. 제1장 「누가 제주 사람인가?」에서는 제주인의 정체성을 찾는 서론이고, 제2장 「처처석전(處處石田), 처처부녀(處處婦女)」에서는 돌과 여자가 많은 제주 사회를 다루었다. 제3장 「도무(盜無)·걸무(乞無)의 섬」에서는 도둑과 거지가 없는 제주 사회를 독해했고, 제4장 「영등 할망이 낳은 대문무(大門無) 문화」에서는 대문이 없는 제주문화를 다루었다. 제5장 「지역 정신의 시의성(時宜性)」은 한국 현대사회의 문제점과 관련하여 제주문화를 고찰하였고, 제6장 「지역의 세계화와 해민정신」에서는 제주의 해민 정신을 보편적 세계정신으로 승화시킬 가능성을 탐색했다. 마지막, 한 문장으로 제주정신을 정리한 "자립하여 살아, 서로에게 자유롭고 평등하자, 그리고 대동하자!" 구절은 오래도록 우리 모두에게 깊은 울림으로 남을 것이다.

2023년은 제주대학교 지리교육전공(2022년 지리교육과로 변경)이 창설된 지 30주년이 되는 해이다. 고 송성대 교수님께서 제주 지리학의 씨앗을 뿌려 이제 서서히 열매가 익어 가고 있는 단계라 할 수 있다. 제주 지리학에 대한 열정으로 모진 풍파를 견디며 후학을 양성하셨는데, 이제 그 어른을 볼 수 없음이 너무 안타깝기만 하다. "내 살은 이 섬의 흙이오, 내 뼈는 이 섬의 돌이며, 내 피는 이 섬의 물이다. 그리고 내 영혼은 이 섬의 바람이다."라고 하시면서 영원한 제주인으로 사셨던 교수님의 가르침이 이 책으로 오롯이 전해졌으면 하는 간절한 바람이다. 아울러 재작년 하늘나라로 가신 송성대 교수님에게도 이 뜻이 전해졌으면 좋겠다. 끝으로 어려운 출판 여건에서도 흔쾌히 이 책의 편집과 간행을 맡아준 도서출판 각에 감사드린다.

2023년 1월<br>
제주대학교 사범대학 지리교육과 학과장 오상학

## 차 례

제1장  누가 제주 사람인가? / 13

제2장  처처석전(處處石田), 처처부녀(處處婦女) / 49

제3장  도무(盜無)·걸무(乞無)의 섬 / 83

제4장  영등 할망이 낳은 대문무(大門無) 문화 / 135

제5장  지역 정신의 시의성(時宜性) / 157

제6장  지역의 세계화와 해민정신 / 175

# 제1장
## 누가 제주 사람인가?

# 제1장 누가 제주 사람인가?

## 1. 제주 사람의 정체성

 제주 사람이라 하면, 우선은 주민등록이 제주로 되어 있어야 한다. 하지만 설령 주민등록상 제주 사람이 아니더라도 그가 제주의 땅과 문화와 역사를 존중하고 실천한다면 제주 사람이라 할 수 있다. 반면에 고향이 제주라 하더라도 제주의 문화와 역사를 존중하지 않는다면, 제주 사람이 아니다.
 섬사람들은 단절된 섬, 척박한 땅이라는 환경을 강인한 정신과 근검 소박한 생활, 상호협조와 상호신뢰의 정신으로 극복해야 했다.
 도둑 없고, 거지 없고, 대문 없는 삼무 정신은 그런 의식이 축적되고 체질화된 것으로 스스로 이겨내 완성한 도민 정신이며 윤리 규범으로 제시된 것이다. 이 이념은 사회 각계각층은 물론 초·중등학교 교육 현장의 정신교육 덕목으로 선정되었다. 그러나 이에 대해 학계와 언론계에서는 관제 이데올로기다, 실체가 없다, 표상 이념(정신)과 생활 규범을 혼동하고 있다 등의 비판도 있었다.
　제주에 대해, 17세기 초 안무어사로 제주에 왔던 김상헌의 제주 기행기 『남사록(南槎錄)』에는 "도둑이 없다."고 기록되어 있다. 18세기 초 제주 목사 이형상도 『남환박물(南宦博物)』에서 "촌무도적(村無盜賊)"이라 하여 우마나 곡물, 농기 등을 들에 놔둬도 누구 하나 가져가는 사람이 없다."라고 하고 있다. 제주도 연구가인 석주명은 『제주도 수필』에서 "도적과 걸인이 있으되 극히 적은 수며 그들 모두는 육지에서 온 행걸자들로 원래 제주 토박이는 없다."고 했다. 그는 이러한 도둑 없음, 거지 없음, 대문 없음을 들며 최초로 제주도를 '삼무의 섬'이라 표현하였다.
　석주명의 제주도 지역성 연구 이후 삼다, 삼무에 대해 다른 주장이 나오기도 했다. 예를 들면 삼다는 '돌, 바람, 여자'가 아니라 '돌, 바람, 비' 혹은 '가뭄, 바람, 비의 피해'가 많다라거나, '돌, 바람, 소나무'가 많다라는 경우가 그것이다. 또 삼무는 도둑 없음, 거지 없음과 함께 호랑이·곰·늑대 등 육식류의 맹수가 없다고 하여 맹무(猛無)가 들어가야 한다는 주장도 있다. 사실 맹무는 제주도 전통 방목문화를 가능케 한 요소였다.
　제주 사람들은 어떠한 특질을 가지며 무엇을 이상으로 삼고 살아온 사람들일까? 이에 대해서는 조선 시대 중앙에서 파견된 관리나 유배자 그리고 일제 강점기 일본 사람들과 한국인 석주명 등이 지적한 내용을 토대로 다음의 열 가지로 요약할 수 있다.

① 생활력이 강하여 활기가 있다.
② 남을 믿고 의지하는 마음이 적고 스스로 생활하려 애쓴다.
③ 근검하고 소박하다.
④ 씩씩하고 꿋꿋하며 용맹하다.

⑤ 위기에는 공동의 이익을 위해 단결한다.
⑥ 배타성이 있다.
⑦ 자존심이 강하다.
⑧ 시기하고 의심하는 마음이 강하다.
⑨ 함께 살고 함께 번영하는 마음이 약하다.
⑩ 날래고 사나우며 거리낌이 없다.

김상헌은 『남사록』에서 제주 사람들은 "괴기는 씹어야 맛, 말은 고라야 맛(고기는 씹어야 맛이 나고, 말은 해야 맛이 난다)"이란 말을 즐기며 "주관을 갖고 자신의 주장을 상대에게 조리 있게 표현하는 기개를 갖는다."라고 기록하고 있다. "베설값 허라(창자 값 하라)", "멜에도 베설은 싯나!(멸치에도 창자는 있다)"라는 제주속담에서 보듯, 제주 사람에게는 꿋꿋하고 씩씩한 기질이 있었다고 할 수 있다.

물로 막힌 섬, 척박한 땅에서 살아남으려면 끝없이 그 방법들을 찾아내야 했다. 남에게 의존하지 않고 자립적으로 살 수밖에 없었다. 근검절약은 필수였다. 일엽편주의 배 위에서 살아남아 목적지까지 항해하려면 입체적인 지혜와 기술, 적극적인 도전이 필요했다. 해상생활은 자연만이 아니라 해적과도 싸우는 전사가 되어야 했다. 전체를 살피면서 영특하고 단호하게 행동해야 했다.

제주 사람들은 상상력이 풍부한 사람들이라 추측된다. 제주도의 변화무쌍한 기상과 기후, 모험적인 바다 생활, 다양한 자연경관을 배경으로 한 삶은 그들의 풍부한 상상력과 함께 수많은 이야기를 만들어냈다. 이렇게 작은 섬에서 이렇게 많은 신화와 수천 수백의 민요와 전설을 만든 경우는 보기 힘들다.

**서귀포 앞바다** 제주 바다와 섬은 그 자체로 한계이자 가능성이기도 했다. 자강자립의 전통은 섬과 바다에서 삶을 경영해야 했던 섬사람들의 지혜의 산물이다.(주강현 사진)

토지 생산성이 낮아 열심히 일해야 먹고 살았던 제주에서는 빈부 차이와 양반문화가 미미하다. 남에게 의존하는 것도 불가능하다. 각 개체의 자강(自彊) 자립이야말로 집단생존의 수단이요 비법이라고 생각했다. 제주 사람들은 미칠 듯 불어오는 폭풍우 속에서도 의연하게 스스로 견뎌내는 우뚝 선 바위와 같다. 축약하면 '쾌단질박((快斷質朴)'의 '무의기개(無依氣槪)'한 성격이라고 할 수 있다.

## 2. 지피(知彼)해야 지기(知己)할 수 있다

제주는 혈족의 대가족주의가 아닌, 독립된 생계에 의해 생활하며 소가족을 중심으로 사고하고 행동하는 경향을 띠는 곳이다.

한국에서 농경 최적 입지는 산사태와 짐승의 습격을 막을 수 있고 강의 범람을 피할 수 있는 충적 평야의 산록 면이 될 수밖에 없었다. 취락 입지의 최적지는, 산에 근접하지도 않고 강에 근접하지도 않는 협소한 공간에만 가능했다. 그러다 보니 가옥의 밀도가 커져 집촌이 되었다. 집짓기에 가장 좋은 곳은 권세 있는 양반 집안이 차지했다. 물 관리는 개울을 중심으로 이루어져 있었기 때문에 혈연중심의 작은 조직으로 된 작업이 더 적절했다. 그래서 가문을 중심으로 똘똘 뭉치는 배타적인 혈연공동체를 형성했다. 이런 상황에서 효심과 공경을 내세운 것은 너무나 자연스럽다. 내부 갈등과 분규를 최소화하기 위해 가부장인 아버지에게는 효를, 미래의 가부장인 형에게는 절대 공경을 규범화한 것이다.

그러나 제주의 생활은 가장의 통솔하에 같이 살아가는 혈연적 가족 중심주의와 대비된다. 족장이나 가장이 구성원 모두를 건사하는 게 아니다.

대가문도 없었고 가문의 부와 권위를 유지하고 확장하기 위해 권모술수와 부정부패를 일삼지 않아도 되었다. 당연히 힘을 불려가기 위한 가문 간의 혈투도 없었다.

아들들은 하나둘씩 분가하여 독립적으로 산다. 같이 살더라도 안팎거리에서 밥도 따로 해 먹고 밭 경작도 따로 하며 살아간다. 곡식과 주요 물건들을 넣어두는 고팡 열쇠 역시 제각각이다.

여성들은 자율적이고 독립적이며 노인들도 자녀에게 의존하지 않고 오래도록 자립의 생활을 유지한다. 부자지간, 형제지간, 심지어 부부간에도 서로 의존하지 않고 살아간다. 제주에는 "질로지만씩 살아야 헌다"는 속담이 있다. 각자 의존하지 말고 너는 너대로, 나는 나대로 살아야 한다는 뜻이다. 제주의 '개체주의'는 그렇게 형성된 제주 사람의 인식, 태도, 실천이념이다.

개체주의가 개인주의와 다른 점은 각각의 자립이 모두의 공생과 공존을 전제한다는 점이다. 개인주의에는 공생과 공존의 전제가 없다.

### 3. 사당의 한반도, 본향당의 제주

제주는 메마르고 재해가 빈번하여 토지생산력이 낮은 곳이다. 이런 조건이 혈연으로 연결된 동족 취락이 아닌, 다양한 혈연으로 구성된 혼성 취락을 이루는 계기가 되었다. 혼성 취락이 이루어지자 주인 없이 놀고 있는 넓은 들과 바다를 이용한 합리적 생산 활동을 위해 마을과 마을간에도 유대하는 문화가 형성됐다. 이런 것들이 제주 사람들로 하여 경쟁과 연대의 원리를 절묘하게 조화시켜 가는 계기가 되었다.

**제주의 혼성 취락 성씨 분포도(1930년대)** 이즈미 세이치 『제주도』 '마을과 친족집단' 데이터 도식화.(각©)

이 원리는 육지부의 혈연 간 의리나 연대의 원리와 대조된다. 보통 의리는 정의보다 앞서 내세우지만 경쟁은 정의가 바탕이어야 한다.

동족 취락의 경관은 위계질서를 가진다. 마을 중앙에는 종손이 사는 양반의 종가와 사당이 자리 잡는다. 그 뒤에 선산이 있다. 종가 아래로 기와로 된 양반 지주의 집과 평민, 천민의 초가집이 있다. 양반과 평민의 빈부귀천이 뚜렷하다.

대토지를 소유한 가문이 없고 각자 조금씩 자기 토지를 개간하여 경작하며 살아갔던 제주에는 양반과 평민의 구별이 거의 없었다. 혼성 취락 전통이 있는 제주에는 사당 대신 본향당이 있다. 본향당(本鄕堂)은 말 그대로 마을의 뿌리며 중심이 되는 신앙처이다. 사당이 지배계급인 양반 가문의 권세를 염원하고 혈족의 결속을 위해 남성들만 참여하는 조상숭배의 공간이라면 제주의 본향당은 마을공동체의 풍요와 평안을 염원하며 마을 전체가 참여하는 공동체의 장소였다.

일반적으로 마을제는 공동체의 질서와 안녕을 도모하는 행사지만 육지

육지부 집성촌의 전형적인 경관 배치. 사진은 대구광역시 문화재자료로 지정된 현풍 한훤당 종택 내 사당(玄風 寒暄堂 宗宅 內 祠堂).(국가문화유산포털 사진)

부의 마을제와 제주의 마을제는 여러 면에서 다르다. 조선 시대에는 유교 이념과 왕권 강화책으로 지방의 권력가나 지연에 얽힌 제례를 배척하고 혈연에 의한 조상 제례를 권장하는 분위기가 만들어졌다. 이런 분위기에서 마을제는 명문가 남성들이 전권을 행사하는 유교식 제의로 변해버리거나 가문의 조상을 모시는 사당 신앙에 밀려 힘을 잃어갔다.

제주에서는 남녀노소 누구나 평등하게 마을의 제의(祭儀)에 참여한다.

**와흘 본향당 당제 모습** 와흘본향당의 당제는 마을제가 당제와 포제로 분리되기 이전의 원형을 전승하고 있다. 다른 마을의 경우 당제는 여성들이 포제는 남성들로 치러지는데 반해 와흘리는 남녀 모두 당제를 마을제로 봉행하고 있다.(비짓제주 사진)

물론 제주의 마을제도 유교식으로 바뀐 경우가 많지만, 아직도 전통의 무속의례로 행하는 마을이 많다. 마을의 권세가가 중심이 되어 제물을 차리고 의례가 진행되지 않는다. 집마다 제물 구덕(제물을 넣는 바구니)에 제물을 담아 본향당(本鄕堂)으로 온다. 형편에 따라 제물도 제각각이다. 마을제는 이 제물 구덕들을 본향당에 벌여놓으면서 시작된다. 의례의 중심은 마을의 권세가가 아니라 마을 사람 모두다. 남녀노소, 부자든 가난하든 귀하든 천하든 마을 안녕을 위한 행사에 자율적이며 주체적으로 참여한다.

### 4. 놀 줄 모르는 사람들

1910년 아오야나기는 『조선의 보고, 제주도 안내』에서 "제주 사람들은 강의박눌(剛毅朴訥, 의지가 강해 쉽게 굽히지 않으며 가식이 없고 헛된 말을 하지 않음)하고 기개가 넘치며 남녀 모두 근면하게 일하는 미풍이 있다."라고 평하고 있다. 아오야나기는 "요컨대 본토에서의 일방유타(逸放遊惰, 빈들빈들 놀기만 함)하여 행락과 안면만을 즐기는 성품을 이 제주섬에서는 거의 찾아볼 수 없다. 전체적으로 근면하고 힘들여 노력하는 표한소박(慓悍素朴, 행동이 민첩하고 사나우며 검소함)한 기상이 있어 크게 본토와 분위기를 달리한다."라고 하였다.

이형상 목사도 "깨지 못하고 가난하나 예의를 지켜 겸손하며 의식이 소박 검소하여 화려하게 꾸미는 일이 없으며 부유할지라도 갈옷(광목에 감물을 들여 만든 제주 전통 평상복)을 입고 또한 계속하여 염장(소금과 간장)을 먹지도 않는다."라고 했다.

제주도 음식문화는 소처럼 일하지만 쥐같이 먹으며 매우 간소했다. 1960년대까지만 해도 '촐레'라는 1찬 반상이 고작이었다. 밥을 먹을 때는 남녀노소 구별없이 똑같은 음식을, 가족 모두 한 곳에 모여 나눠 먹었다. 이는 권위주의가 철저한 육지부에서 쌀밥은 어른이나 남편과 아들이 먹고 여자와 아이들, 아랫사람들은 따로 보리밥이나 콩밥을 먹는 모습과

**제주의 조팟 전경** (박경훈 사진)

다르다.

 제주 사람들을 신바람 나게 놀 줄 모르는 사람들이라고 말할 수 있다. 제주 사람들은 일하기 싫어하고 잡기나 음주 가무를 즐기며 놀기 좋아하는 사람을 '노내기(한량)', 일하지 않고 볼거리 놀 거리를 찾아 집 밖으로 나가 여기저기 싸다니는 사람을 '드르캐(들개)'라 하여 친하게 지내서는 안 될 기피 인물 영순위로 친다.

 제주는 척박한 곳에만 재배할 수 있다는 조를 농사짓는 속작(粟作, 조농사) 문화지역이다. 제주 사람들은 한여름 내내 자갈밭의 잡초를 수시로 제거해야 했다. 또 생필품을 사기 위한 돈을 벌기 위해 바닷가, 바다 위, 바다속에서도 일했다. 이렇게 산과 들과 바다를 분주하게 오가며 일해야 했기에 여가와 놀이는 상상조차 할 수 없었다.

일 년을 주기로 하는 농사철과 하루를 주기로 하는 물때(밀물과 썰물 시간)에 맞춰 노동주기가 짜여졌다. 농번기에는 밭에 가서 김을 매다가 물때가 되면 어김없이 바다로 가 물질을 했다. 보리를 파종하고 나서 농한기(11월~5월)가 되면 한반도나 일본으로 출가하여 돈을 벌다가 보리가 익어 수확기가 될 즈음 다시 돌아와 농사일을 했다.

농사철과 물때에 맞추어 쉴 새 없이 일했던 여성들 중에는 작업하던 배에서 혹은 어장으로 오고 가는 길에 분만하는 경우도 드물지 않았다. "좀녀 애기 나뒁 사을이민 물에 든다(해녀는 출산하고 나서 3일만 지나면 다시 바다에 물질하러 들어간다.)"라는 속담처럼 분만하고 일주일도 지나지 않아 바다로 들어갔다. 생리도 아랑곳하지 않았다.

"눵 먹을 팔ᄌ라도 오몽헤사 혼다(누워서 먹을 팔자라도 노동을 해야 한다)", "정월 초ᄒ를날도 오줌 허벅경 밧드레 돈다(정월 명절날도 퇴비용 오줌통을 지고 밭으로 달린다)"라는 속담은 체질화된 부지런함을 보여주고 있다. 이런 근면성이 제주 사람들을 빈곤에서 벗어날 수 있게 했다. 특히 여성들은 열심히 일한 덕분으로 아버지나 남편, 아들에게 기대어 살지 않았고 그 속박에서도 자유로울 수 있었다.

제주속담은 제주를 이해하는 최고의 질료다. 속담은 창의적 개인에 의해 제시되고 다수가 이에 자연스럽게 공감하여 정형화된다. 이렇게 해서 만들어진 속담은 일상의 생활언어나 행위규범이 된다. 제주는 속담과 신화가 무척 많은 곳이어서 일상의 대화에서 늘 그것들이 소환되곤 한다. 재미나게 놀 수도 없었고 신바람 나게 놀 줄 몰랐지만, 하루하루 힘겨운 일상을 해학을 곁들인 속담과 신화로 만들어냈던 것이다.

제주는 민요가 많아 '민요의 나라'라고도 한다. 제주도 민요는 노동요가 대부분이다. 총 1,400여의 민요 중 80% 이상이 노동요다. 제주의 「초공신화」에는 '너사메너 도령'이라는, 다른 지방에는 없는 악기 신을 두어 신앙하면서도 대중적인 악기는 기껏해야 물 긷는 '허벅' 정도에 불과했다. 분산된 경지에서 저마다 밭농사를 하거나, 바다로 가거나, 일을 찾아 타지방에 나갔기 때문에 놀 시간과 여유가 없어 노래와 춤으로 이루어진 농악이 나타날 수 없었다.

## 5. 제주 섬의 유토피아 이어도

제주 주변의 바다에는 '여'가 많다. 여('여'는 '이어'의 줄임말)는 물 위로 솟아 있든 물속에 잠겨 있든 사람이 살 수 없는 작은 바위섬을 말한다. 제주의 노동요, 설화, 일상의 대화에 종종 등장하는 여는 극락의 세계를 상상했던 제주 사람들의 유토피아, '이어도'라 상정해 볼 수 있다.

제주 사람들에게 여는 전복과 구쟁기(소라)가 많고 아름다움이 가득한 곳이다. 그곳은 목숨을 걸고 사력을 다해 살금살금 다가가는 곳이다. 여기도 여고 저기도 여고, 가는 길의 징검다리기는 한데 보이기도 안보이기도 하는 신비한 곳이다. '이어도'는 사랑하는 사람들의 배가 돌아오지 않을 때 '아무렴 이어도에라도 가서 재난은 피했겠지.'라며 스스로 위로하고 기대하는 장소이다. 또 자신도 언젠가는 그리로 갈 수 있다고 꿈 꿔 보는 상상의 섬이다.

실종이 다반사였던 제주 해민들은 잃어버린 사람들을 이 이어도에서

**독도 출가물질** 1921년 최초로 독도에 물질 나갔던 제주해녀들. (주강현 제공 사진)

만날 수 있으리라 굳게 믿으며 한을 풀 수 있었다. 부재와 결핍의 제주 섬에서 이어도는 현세의 고통을 잊게 해주는 상상의 유토피아였다.

제주 사람들이 그렸던 영원불멸의 장소, 이상향이기도 한 이어도를 사람들은 마라도 남서쪽 149km 지점에 위치하는 물속의 섬이라 생각한다. 이 섬은 제주도와 강남(=중국) 사이의 한가운데 위치하여 이정표가 되는 돌섬이어서 제주의 해민들은 항해할 때 이 섬을 만나면 안심하곤 했다. 해민들에게 이어도는 마을의 중심이었던 본향당처럼 풍요를 주고 힘든 삶을 위로하며 중심을 잡아주는 바다의 본향당이다. 이어도가 실재하는 섬인지 아니면 상상의 섬인지에 대해 주장이 다양하다. 그렇다 하더라도 이어도는 제주 사람들의 생활체험을 토대로 인지되고 이상화된 장소라는 사실은 명확하다.

## 6. 따또 가족

여유 있는 삶이 가능하던 논농사 지대와 달리 '뜬땅(화산회토)'의 제주 사람들은 그야말로 요람에서부터 무덤까지 일터에 매달려 살았다. 공동체 구성원 간에 속고 속일 필요 없는 대동 사회였지만 토지 소유나 상속제에서 보듯 기초적 삶은 개체적이어서 다른 사람에게 기대지 않는 홀로서기에 익숙했다. 제주에는 "나 거 엇엉 놈이거 먹으민 빙엇인 장석혼다"라는 속담이 있다. "내가 가진 것 없이 남의 것 얻어먹으면 병이 없어도 신음하게 된다."라는 뜻이다.

제주의 개체주의의 '개체(個體)'는 안토니오 네그리의 '다중(多衆)' 개념과 비슷하다. '다중'은 단순히 많은 대중, 또는 동일 목적의식을 가지는 민중과 구별된다. 다중은 개별성과 차이를 유지하면서 공동의 가치를 생산하는 개인 네트워크다. 제주의 개체주의 개체들은 각각 개별성과 차이를 유지하면서 마을 공통의 가치를 생산하고 관리한다. 제주도의 생활체계를 개체적이라 하는 이유는 제주도에서는 결혼 후 부모, 형제간에도 사회적·경제적으로 독립하여 살아가기 때문이다. 사회 최소 단위는 단일 부부 중심이다.

부자 중심 가족제도는 가장의 절대 권위 아래 위계질서를 형성하고 그 자식이 결혼해도 독립 가장이 되지 않은 채 여전히 기존의 통제 아래 있다. 또 대부분 토지를 상속받은 장남은 완벽히 가족에 대한 전권을 가졌다. 결혼, 이혼, 재혼 등도 씨족의 의사결정에 따른다. 개인의 사상, 재능, 능력, 행위, 심지어 몸도 마찬가지다.

반면 제주도는 구성원 각자 자신 가정에 몸을 담고 저마다 삶을 사는 개체화한 가정의 형태, 즉 분화된 협동가족주의를 실천했다. 이는 제주도의 은거 분가제 문화를 보면 잘 알 수 있다.

은거 분가제(隱居 分家制)란 제주의 안팎 거리 거주문화를 말한다. 아버지는 아버지 대로, 형은 형 대로, 아우는 아우대로 각각 따로따로 사는 거주형태다. 한집에 같이 살더라도 부모는 안 거리에 아들은 밖 거리에 거주한다. 부모님은 나이 들어도 숙식과 경작을 스스로 하는 경우가 많다. 사회·경제적으로 서로 의존함이 없이 분리된 생활을 한다.

부부 중심 가족이나 단 가족의 개념은 '따따 가족' 혹은 '따또 가족', '또또 가족'이라는 명칭을 풀어보면 이해할 수 있다. '따'란 '따로'의 줄인 말로 '따따 가족'은 수직적인 부자 관계와 수평적 형제 관계를 벗어나 생산과 소비는 물론 주거까지 모든 것을 간섭 않고 따로 독립된 생활을 하는 서구적 핵가족을 의미한다. '또'란 '또한 함께'의 줄인 말로 '또또 가족'은 주거와 경제생활을 함께 하며 집단생활을 하는 동양의 혈연적이고 가장권 가족인 부자 중심 가족을 뜻한다.

'따또 가족'이란 '따로'라는 의식을 가지면서 '또한 함께' 가족이라는 뜻으로 절충형 부계 협동 가족인 부부 중심 가족을 뜻한다. 이 '따또 가족'은 제주의 부부관계를 설명하는 데 적합하다. 제주도의 부부관계 역시 '따또 부부'라 할 만하다. 부부는 따로(개체적으로) 그리고 공통의 목적을 향해 협조하면서 또한 함께(공동체적으로) 살아간다. 따로 사니 고부간의 갈등도 적은 편이다. "불턱이 지만씩이메 살아졈쭈"라는 속담이 있다. 부엌을 각각 따로 만들어 사니, 고부간에 갈등이 덜해 그나마 살고 있다는 말이다. 함께 사니, 아들 세대는 연로하신 부모를 가까이서 돌볼 수 있었다. 아이들을 키우는 과정에서도 많은 도움을 얻었다.

## 7. 배타성인가, 주인정신인가

'육짓 년', '육짓 놈'이란 말을 근거로 제주 사람들에게 배타성이 있다고 한다. 제주의 배타성은 금세기 초 자국 문화의 우월감과 중앙 조정의 세력을 업은 외래종교의 토착문화 말살과 관련된 '이재수란', '제주 4·3'과 1970년대의 '개발붐'과 관련시킬 수 있다.

1898년에 일어난 '방성칠 난'과 1901년의 '이재수란'은 유례없는 세금의 폐단과 종교의 폐단 때문에 일어난 제주 민중의 용기 있는 의거였다. 그러나 제주 사람들이 외지인에 대한 혐오증을 가지게 된 가장 중요한 사건은 1948년 시작되어 6년여 계속된 '제주 4·3'이라 할 수 있다. '제주 4·3'이 진행되면서 육지 사람으로 편성된 서북청년단은 물론 1947년 4월

**이재수** 이명복 화백이 그린 이재수와 누이.(남매, 202×142cm, 한지에 아크릴, 2021)

조병옥 경무부장이 파견했다는 철도경찰이 자행한 양민학살, 그리고 이승만, 조병옥, 신성모 등 당시 위정자들의 반제주적 발언들이 제주 사람으로 하여금 육지부에 대한 반감과 '육짓 것'에 대한 증오심을 갖게 했다.

또 제주 사람들이 외부 사람들에 대해 강한 방어적 배타성을 갖게 된 것은 1970년대부터 외지 자본에 의한 투기 붐과 개발이 본격화되면서부터다. 막상 개발이 시작되고 보니 상대적 박탈감이 심해지고 급기야 생존에 대한 위기의식마저 느낄 정도였다. 여기에 개발이익의 환원문제가 생겨나 제주 사람들의 종전에 없던 땅 지키기 의식이 싹텄고 배타성이 강화됐다. 그러나 이는 불로소득을 도모하는 재벌 기업들을 향한 것이지 제주섬이 살기 좋아 살러 들어오는 외지 서민들을 향한 것은 아니다.

일반적으로 배타성은 자기 정체성, 지역 정체성과 관련된다. 지리적으로 볼 때 동물과 마찬가지로 인간 누구나 개체 자신의 보전을 위한 공간 영역을 확보하고 방어하는 본능인 자기중심적 텃세의식이 있다. 부정적 의미로서의 폐쇄성을 의미하는 배타성 역시 대부분의 지역에서 나타나는 보편적인 현상이다.

따지고 보면 배타성 그 자체는 선도 악도 아니다. 다만 그것이 공격적이냐 방어적이냐가 문제다. 사실 동양 농경민들의 내면화된 유교 윤리 자체가 배타성을 가지라는 의미였다. 동양 유교의 윤리는 부자, 부부, 형제, 자매, 동창, 친지 등 서로 간에만 '친친(親親)하라'라는 예를 가르쳤기 때문에 배타적일 수밖에 없다. 동족 취락의 가문사회는 다른 씨족이나 가문을 몰아냄으로써 힘을 갖고, 가부장은 가족 모든 구성원을 일사불란 통제하고 지배해야 힘을 갖는다. 집안마다 모셔진 사당의 조상신들은 다른 조상신들을 질투하고 배척한다. 배제와 착취의 원리가 작동한다.

제주 사람의 배타성은 방어적이지 공격적이지는 않다. 다른 마을이나

**서북청년단의 횡포** 4·3당시 서북청년단원들의 자행한 횡포는 육짓것에 대한 공포와 적개심을 품게 한 직접적인 경험이었다.(드라마의 한 장면)

육지부에서 이주해 온 사람들이 자신들에게 부당한 피해를 주지 않는 한 거부하지 않고 수용한다. 이는 '백 명의 조상에 하나의 후손'이라는 백조일손의 이념으로 혼성 취락을 이루어 간 데에서 잘 증명된다. 육지부 향교는 여성 금지 구역이지만 제주에서는 일찍부터 향교 의식에 여성이 참여할 정도로 개방적이었다.

원래 이동 성향의 사람들은 그 자신을 자유롭게 하기 위해서라도 공격

**하멜표류기의 삽화** (각©)

적 배타성을 가질 수 없다. 『조선왕조실록』의 기록들에서처럼 제주는 수많은 표류자와 표착 이방인에 의한 해외 문물과의 접촉이 빈번한 곳이다. 과거 제주에는 바다 건너 수백 수천 킬로미터나 떨어진 외지와의 교역과 상업 활동, 그리고 어로 활동을 해 온 수많은 해민(海民)이 있었다. 보통 바다에서의 생활은 개방적이고 진취적이지 않으면 안 된다.

이렇게 외부, 타자를 받아들이는 모습은 신화에도 나타난다. 제주신화의 여신은 외래에서 들어온 신인 경우가 많다. 일 만 팔천 신들의 어머니라 불리는 송당의 '백주또'는 외지에서 들어온 신이다. 삼성 신화의 '삼처자'도 입도한 신이다. '영등 할망'도 입도 신이다. 육지부에서 한라산을 관광하러 왔다가 자리 잡은 도순 「도순당」의 '중개남중이', 성산 「온평리

**송당본향당** 내방신인 백주또여신을 당신(堂神)으로 모신 구좌읍 송당리 본향당 제단 전경
(문화재청 국가문화유산 포털 사진)

당」의 '멩호부인', 구좌 행원리 「남당」의 '중이대서' 등도 제주 본향당에서 신격화하며 받아들였다.

사람이 집단을 이루는 한 배타성은 어느 가족, 어느 지역, 어느 민족에나 다 있다. 제주 사람에게 배타성이 있다면 그건 주인의식과 제주 사람의 정체성, 공동체 의식의 자연스러운 결과로 보인다. 자칫 경계심이거나 텃세를 부리는 것으로 보일 수 있지만, 배제와 착취를 위한 배타성은 아니다.

## 8. 관용의 신앙공동체

　동족 취락이 우세했던 육지부사람들은 저마다 혈연적 시조를 사당에 모시고 한 마을 안에서조차 배타적으로 신앙해왔다. 종가 사당에 결코 다른 씨족의 신이 들어올 수 없고 다른 마을 신은 우리 마을의 신이 될 수 없다. 그 신들은 숙명적으로 횡적인 유대를 가질 수 없다.

　제주에서는 신을 내세워 한 손에 칼, 한 손에 경전을 들고 피비린내 나는 지역 간 종교전쟁이 없었음은 물론 조상신(일족신)을 내세워 한 손에 붓, 한 손에 족보를 들고 끝없이 암투를 벌이는 온 종족, 가문 간 전쟁도 없었다. 가문마다 씨족 신을 모시는 사당 신앙 전통이 없다.

　제주 사람들은 정착 농경사회에 접어들면서 마을 단위로 본향당을 두어 권세 가문이나 성씨를 차별함이 없이 모든 마을 사람들이 이 본향당의 신을 마을의 수호신으로 모셨다.

　각각 자기만큼씩 홀로 살기에 익숙한 제주 사람들에게는 신앙 역시 제각각이다. 마을마다 마을의 중심이 되는 본향당이 있지만, 마을 안 다른 당(堂)을 없애지 않는다. 몇몇 사람이라도 찾아가는 경우가 있기 때문이다. 그 여러 종류의 당에는 8일에 찾아간다 하여 요드레당, 7일에 찾아간다 해서 일뤠당, 마을의 중심이어서 본향당, 산간에 위치하여 수렵목축신과 관련된 산신당, 바다와 관련된 해신당 등이 있다.

　각각 이유와 상황에 따라 선택적으로 찾아간다. 동서고금을 통하여 신앙하는 신이 다르면 같은 가족이라도 너와 나로 구분하여 배제하려는 경우가 있지만, 제주 사람들은 그러지 않았다. 각각 살아갔던 제주 사람들의 생활처럼 신앙도 제각각이다.

**대흘본향당**
대흘리의 공동체신앙의 구심적 신당(제주신당조사-제주시편 2007)

**선흘리 탈남밧 일뤠당**
선흘리 마을의 치병신인 일뤠할망을 모신 신당으로 7일, 17일, 27일에 당에 다닌다고 하여 일뤠당이라 함.(제주신당조사-제주시편 2007)

**토산 여드렛당**
나주금성산 산신이 좌정했다는 외방신을 모신 신당으로 뱀신을 모시는데, 뱀은 곡식을 지켜주는 신으로 관념된다. 도작(稻作)문화의 산물로 8일, 18일 28일에 당에 다닌다고 하여 여드렛당이라 함.
(제주신당조사-서귀포시편 2007)

## 9. 뱀 신앙의 합리성

낭비하지 말고 절약하라, 이는 어느 사회에서나 통용되는 보편 규범이다. 예를 들면, 호남지방은 밥할 때마다 쌀을 한 줌씩 덜어 부뚜막 한 단지에 비축하는 '좀도리정신(조금 덜어내기 정신)'으로 유명하다. 제주에는 'ᄌᆞ냥 정신'이라는 게 있다. ᄌᆞ냥 정신도 밥을 할 때마다 쌀을 조금씩 덜어 ᄌᆞ냥 단지에 모아두는 절약 정신을 말한다.

모자람을 극복하는 방법으로 제주의 ᄌᆞ냥 정신(절약정신)은 주목할 만하다. 검소가 비루함과 다르듯이 제주 사람에게 있어서 ᄌᆞ냥은 재난에 대비해 먹을 식량을 비축하는 의미가 강하다. 여기에 제주의 절약은 "좁쌀만이 애끼쟁ᄒᆞ당 담돌만이 해롭나(좁쌀처럼 아끼려다가는 나중에 큰 돌만큼 해롭게 된다)" 속담에서 잘 알 수 있듯이 재물을 무조건 아끼려는 '자린 고비형' 구두쇠가 아니라 정작 쓸 데는 쓰라는 것이다.

제주도에 뱀 신앙이 오랫동안 있었던 이유는 바로 이 'ᄌᆞ냥', 즉 절약이 절실했기 때문이다.

뱀을 신앙시하거나 상징화시키는 경우는 많다. 곡식을 축내는 쥐를 쫓아내는 뱀을 재복을 가져다 주는 신으로 삼는 것은 농경문화권의 보편적인 현상이기도 하다. 자기의 꼬리를 입에 물고 있는 뱀, 우로보로스는 거의 모든 문명권에서 나타나고 있다. 이집트 저승의 신인 오시리스 모습에도 뱀이 있고, 인도 여신의 허리를 휘감고 있는 동물도 뱀이다. 중국 창세신화의 최고의 신인 여와는 사람 얼굴에 몸은 뱀이다. 그의 남편 복희도 마찬가지다. 의(醫)신 아스클레피우스의 지팡이에도 뱀이 감겨 있다. 전령의 신 헤르메스가 들고 다니는 지팡이에도 두 마리의 뱀이 휘감겨 있다. 뱀은 영원한 생명과 순환, 재생, 불멸의 상징이다.

**뱀의 여러가지 상징** 투루판 지역의 대표적인 고분 유적인 아스타나 무덤에서 발견된 〈복희여와도〉, 이 그림은 중국의 천지창조 신화에 등장하는 복희와 여와를 소재로 삼고 있다. 고대 그리스에서 유래된 상징인 우로보로스(꼬리를 삼키는 자라는 뜻), 의학의 아스클레피우스의 지팡이를 상징으로 사용한 세계보건기구의 마크.

제주도에서는 집 뒤 장독대에 '밧칠성'을 상징하는 '칠성눌'이라는 신체(神體)를 둔다. 집안에는 식량을 저장하는 '고팡'에 '안칠성'이라 하여 뱀을 모신다. 안칠성의 고팡 안치야말로 다른 곳에서는 볼 수 없는 제주도만이 갖는 매우 독특한 문화다. 이 뱀 신앙은 식량 관리자인 가정 주부에 의해 지켜졌다. 다른 지방에는 안칠성이 모셔지는 제주도의 고팡에 해당하는 공간(마리, 곳간, 광, 도장, 고방)에 '벽감'이라는 조상 위패를 모셔놓는다.

뱀은 곡식을 축내는 쥐를 몰아내는 고마운 존재다. 제주도 구렁뱀이야말로 식량을 지킬 수 있게 도와주는 이로운 동물이다.

고양이도 쥐를 쫓는 동물이기는 하지만 고양이는 사람이 먹는 밥을 줘야한다. 고양이를 기르게 되면 쥐들에 부족하기 쉬운 단백질을 고양이가 배설물로 공급해주기 때문에 결국은 쥐의 생존을 도와주는 셈이다. 그래서 쌀을 축내지 못하게 쥐를 잡아주는 뱀을 가정의 풍요와 복을 위한 신

**제주의 칠성신** 제주문화에서 뱀은 부신(富神)이면서 가신(家神)이다. 집 안에서 곡식을 저장하는 방인 '고팡(庫房)'에 모시는 '안칠성(왼쪽)'과 집 뒤 장독 곁에 모시는 '밧칠성(오른쪽)'이 있다. (강정효 사진)

으로 삼게 되었다.

구렁뱀이든 호랑이든 기독교도들의 뱀 혐오 신앙이든 힌두교도들의 암소숭배든 유태교도와 이슬람교도들의 돼지 혐오든, 모두 그들의 자연환경 아래에서 형성된 생태 전략적 요구가 신앙에 투영된 것이다.

사막의 종교에서는 돼지를 먹지 말라 한다. 스텝이라는 덥고 건조한 중동지역에서 돼지 사육은 비효율적이다. 돼지는 초식동물이 아니다. 더구나 고온에 약하여 37℃ 기온에서 직사광을 받으면 죽는다. 43℃ 이상 기온과 직사광이 있는 열대 스텝에 적합한 동물이 아니다.

이런 건조기후에서 그늘이 있는 집을 짓고 기온을 조절해 주며 사람이 마시기도 부족한 물과 사료를 주면서 돼지를 사육한다는 것은 합리적 행동이 아니다. 또 이렇게 키운 사치품인 돼지를 먹는 사람은 부유한 일부 소수일 것이다. 이는 강한 결속력을 요구하는 사막이라는 환경에서 집단 간 위화감과 갈등을 초래할 수 있다. 이래서 돼지 혐오나 거부의 문화가 탄생했다.

힌두교에서 소 숭배도 마찬가지다. 인도 암소는 어머니 암소로 숭앙 된

**인도의 소똥말리기** 인도에서 소똥은 비료 또는 건축재료, 안방연료로 오랫동안 쓰여왔다.
(셔터스톡 사진)

다. 그들은 소도 이름지어 부르고, 소와 이야기도 나누고 꽃과 술로 소를 장식하기도 한다. 이렇게 소를 숭배하다 보니, 정작 자신들은 빈곤과 기아에 허덕인다고 외부 사람들이 비웃기도 하지만 이는 잘못된 생각이다.

인도 북부는 건조한 기후다. 데칸고원은 사바나 기후이고 남부 지역은 열대 몬순의 이질적 기후 분포를 보여준다. 인도 흑소들은 인도 자연조건에 가장 잘 순화된 토종 소이다. 이 소들은 유럽 소와 달리 조금 먹고 가

품에도 잘 견디며 낙타처럼 혹에 에너지를 저장하고 있어 사료나 물 없이 오래 견딘다.

당나귀나 노새, 낙타는 5, 6월이면 37℃를 넘는 더위를 견뎌낼 수 없고 물소는 딱딱한 밭에서 발이 꺾여 맥을 못 춘다. 그러나 건기와 우기가 뚜렷한 인도의 자연환경에 순화된 이 인도의 토종 소는 딱딱한 밭에서는 물론이고 물이 가득한 수전에서도 엄청난 운반력을 가지기 때문에 그들 농경에 있어 다른 어느 동물보다 적합했다.

또 소는 고기와 가죽을 제공해 주고 그 똥은 비료나 건축재료 또는 훌륭한 연료가 되는 은혜로운 동물이기도 했다. 더군다나 인도 몬순이 불규칙하기 때문에 몬순의 주기가 정상화되었을 때에 그에 알맞은 농경을 하려면 소를 잡아먹지 않고 농경을 위해 남겨두어야만 더 많은 사람을 굶주림에서 구할 수 있었다. 이런 점들이 소를 숭배하는 문화를 생겨나게 했다.

### 10. 광풍촉석(狂風矗石)의 코쿤족

3재(가뭄, 홍수, 태풍)의 섬에 사는 제주 사람들은 흉년이 들면 고립되어 도움받지 못하는 경우가 많아 늘 굶어 죽을 위험에 노출되어 있었다. 제주 사람은 어떤 상황에서든 스스로 살아남아야 하는 긴박한 삶을 살았다. 제주 사람이 갖고 있다는 '표한·방사' 성격이란 성질이 급하고 사나우며 거리낌 없이 제멋대로인 성격을 말한다. 공격성의 성격과 맥락을 같이한다고 하겠지만 제주 사람들에게 있는 공격성이야말로 척박한 환경에서 살아남기 위해 길러진 집단 무의식이다.

제주도는 '광풍촉석'의 섬이라 표상할 수 있다. '저 서귀포 앞바다의 외돌괴처럼 홀로 서 있지만 미친 듯 모질게 부는 폭풍우 속에서도 쓰러짐이 없이 혼자서 자립·자존의 삶을 산다.'라는 뜻이다. 제주 사람들은 다른 사람들에게 신경쓰지 않고 간섭받지 않으며 홀로 살아가기를 즐기는 '코쿤(cocoon)족' 이라 부를 수 있다.

### 11. "놈의 대동(大同)"허라, 개체적 대동주의(個體的 大同主意)

제주 섬에는 협동문화로서 협동 노동조직인 두레나 서로의 경작지에서 의무적으로 일을 해주는 품앗이 대신 '수눌음'이 있다. 제주의 수눌음은 마을 구성원 간에 개별적으로 남녀노소 구별 없이 극히 자유로운 개인 간 계약으로 이루어지는 협업노동이다.

반면 육지부에서의 두레는 마을공동체 구성원 모두가 자기 의사와 관계없이 강제적으로 참여하는 농업조직이다. 두레는 조직에서 탈퇴할 수 있는 자유가 없었기 때문에 개인 의사가 존중될 수 없었다. 따라서 진정한 민주적 자치조직이라 보기 어려운 점이 있다.

제주 사람들은 화산회토 상에 흩어져 있는 밭을 개인별로 일구고 경영했다. 이는 개인 노동이고 개인소유다. 한편, 함께 일하고 함께 소유하기도 한다. 공동 간전(띠 캐왓), 공동 목장, 공동 어장, 공동 원담(마을 단위로 조간대에 담을 쌓아 썰물 때 빠져나가지 못한 물고기를 잡는 전통 어로 방식), 공동 방아, 공동 샘물, 공동 옹기 가마 등에서는 마을 단위로 함께 일하고 함께 소유한다.

공동 목장, 공동 어장 등의 대동적 삶에서는 두레 노동에서처럼 구성원끼리 곤장 칠 사람도 곤장 맞을 사람도 없었다. 두레를 행하는 논농사 지

**검질매기 수눌음** 제주의 대표적인 수눌음 노동으로 이루어진 검질매기(김매기).(『사진으로 보는 제주역사』 사진)

대에서는 재산은 사유지만, 노동은 집단으로 한다. 반면 제주에서는 개별적 노동을 하며 사유재산은 개인사유로 공동 어장, 공동 목장 등의 공동재산은 공동 소유로 따로 또 같이 운영했다. 각 개인은 자신의 소유와 노동, 그 개별성과 차이를 유지하면서 공동의 가치를 함께 생산했다. 이것이 바로 제주의 '개체적 대동주의'다. 이는 각자 자립하여 살아가고 함께 살만한 공동체를 이루자는 지침이자 신조이다.

제주 사람들은 '놈의 대동'이라는 말을 자주 쓴다. 고집부리지 말고 대의에 따르라는 뜻이다. 공동의 목적과 공동의 가치를 위해 자신을 잠시 접어두고 공동체를 따르라는 말이다. '놈의 대동' 하는 이유는 개체성을 접겠다, 공동체를 우선한다는 단순한 논리가 아니다. 오히려 공동체를 따르지 않으면 공동체는 물론 자신의 생활도 위험에 처할 수 있다는 생각에서 나온 것이다.

제주의 마을제도 개체적 대동주의의 대표적 재현이다. 100 조상을 모두 나의 조상으로 삼는 백조일손(百祖一孫) 정신, 굶어 죽게 된 제주 사람들을 위해 식량을 나눠준 김만덕의 구휼 정신, 도둑과 거지, 대문이 없는 신뢰의 분위기, '할망 바당'에서 보듯 함께 살기 위해 노동력을 거의 잃은 사람에게 바다를 나누어줬던 공동체의 운영체계, 부모 형제 부부간 재산도 나누고 일도 나누고 책임도 나누는 자립과 공조의 생활, 큰 낭푼(큰 그릇)의 밥을 남녀노소 모두 함께 앉아 먹는 밥상머리 평등 등도 개체적 대동주의 소산물이다. 개인의 농력을 존중하고 동시에 공동체를 살만하게 운영하려 오랜 기간 노력한 결과이다.

일상적으로 쓰는 개인주의와 집단주의를 순 한국어로 표현하면 '나홀로 주의'와 '떼거리 주의'라 할 수 있다. 반면 개체주의와 대동주의는 보다 인간적이고 합리적 의미의 '홀로서기 주의'와 '더불어 주의'라 할 수 있다. 무리 속에 있되 남에게 기대지 아니하고 홀로 서 있으되 두려워하지 않는다. 주역에서는 이 상태를 '독립 불구'라고 표현한다.

우리가 그리는 바람직한 사회의 모습은 독립적인 개인이 주위의 사람들과 건전한 관계를 형성하는, 즉 '홀로'를 바탕으로 하여 '함께' 하는 것이다. 홀로서기에는 자신의 삶을 독립적으로 꾸려갈 수 있는 물질적인 요소도 필요하다. 아버지를 비롯한 주위 여러 존재와 관계에 물음을 제기하고 필요에 따라서는 갈등과 충돌을 마다하지 않아야 한다.

독립적이면서 연대하는 개인들, 바로 그들이 개체적 대동사회의 주체자들이다. 이들은 개인들의 이익에 반하지 않으면서 사회적 이익을 얻고자 한다. 개인이 사회에 어떤 권리를 양보해야 한다면 그것은 장기적으로 개인 이익에 도움 될 때이다. 개체의 존중을 기본으로 하는 공동체주의는 더욱 아름답고 강하다. 제주 사람들은 개체를 존중하는 삶과 함께 대동의 상부상조와 공동체주의를 바탕으로 살아왔다.

제2장
처처석전(處處石田), 처처부녀(處處婦女)

# 제2장 처처석전(處處石田), 처처부녀(處處婦女)

## 1. 석다(石多)가 만든 삶

제주도는 삼다(三多)·삼무(三無)·삼보(三寶)·삼려(三麗)의 섬으로 알려져 있다. 여기에 '삼강(三强)의 섬', '삼불차(三不借)의 섬'이라 부르기도 한다.

삼보는 바다, 식물, 언어가 보물이라는 것이다. 전통사회에서 고립 무원한 제주 사람들은 모든 생활 용구와 부족한 식량을 오로지 해산물을 채취하여 팔아 샀다. 흉년 들어 땅에서 생산한 식량이 없다 하더라도 "친정에 가도 못 얻은 저냑 ᄀ심 바당에 가민 얻나(친정에 가도 못 얻은 저녁거리 바다에 가면 얻는다)"라는 속담이 있듯이 바다의 중요성은 다른 지방에 비할 바 못 된다. 바다가 보배라는 인식은 일제 강점기 일본인들이 제주도를 수산자원 개발기지로 주목하면서부터 더욱 강해졌다.

식물의 보배라는 말은 일본인 학자들이 제주도 식물을 연구한 결과 좁은 지역에 다양한 종류의 식물이 분포하고 있음을 알고 그 중요성을 인식하면서부터다. 세계의 모든 섬은 동일 면적에 있어 대륙보다 훨씬 동식물

**머구리배** 추자도 앞바다에서 조업하는 일본인 머구리배와 선원들. 이 머구리배의 제주 바다 진출은 어족자원의 고갈로 이어져 해녀들의 출가물질의 한 요인이 되기도 했다.(일제강점기 엽서사진)

종류가 빈약하지만, 제주는 그렇지 않다. 수직적으로 기후가 다양한 한라산 때문에 대륙보다 더 풍부한 종을 가질 수 있었다.

언어의 보고란 해방 이후 한국인 국어학자들이 중세 한국어가 제주도에 남아있음을 알고 이에 대한 연구가 활발해지면서 생겨난 말이다. 제주도에 중세 언어가 남아있음은 문화 잔상에 의한 것이다. 이는 문화 생성지에서 사라진 문화가 주변 지역에 늦게까지 남아있는 현상이다. 예를 들면 부엌을 가리키는 '정지'란 말이나, 가축의 우리인 '통시'란 말이 경상도 내륙지방이나 한반도 북부의 관서지방 그리고 일부 낙도, 제주도 등에 그대로 남아있다.

삼려는 인심과 산수, 과실이 수려하다는 말이다. 삼려 중에서 아름다운 인심이란 관광 붐 초기에 자급적 농업을 하는 제주도의 시골 인심을 두고 한 말이다. 아름다운 산수는 일본인 화가인 쓰루다 고로가 "금강산이 한국에서 최대의 자연미를 갖는다고 하나 금강산이 오로지 큰 규모의 자연만을 갖는 것에 비해 제주도는 자연과 인생(인간 삶)이 조화를 이루어, 이 면에서는 제주도가 오히려 더 출중하다."라고 평한 것을 참고할 필요가 있다.

삼강은 노인과 여성 그리고 말이 강함을 의미한다. 다른 지방에서는 노인과 여성이 대부분 자식이나 남자에게 의존하지만, 제주에서 노인과 여자는 생활력이 강하여 자립적인 생활을 해왔다. 여기에 제주의 말은 거친 산야초를 먹는 작은 체형의 조랑말이지만 농경에서의 밭 밟기의 진압(鎭壓), 물건을 싣고 나르는 역축, 타고 다니는 등 다목적으로 이용되어왔다. 제주 말은 추위와 더위에 견디는 내한·내서성이 무척 강할 뿐 아니라 돌밭 위에서도, 편자 없이도 발굽이 갈라지지 않는 특성을 지녔다.

삼불차의 섬이란 남에게 재물을 빌리지 않고, 경조사시 지방이나 축문을 남을 빌어 쓰지 않고, 사람도 빌려쓰지 않는다는 것이다. "족박광 사름은 시민 신대로 으시민 으신대로 산다(쪽박과 사람은 있으면 있는 대로 없으면 없는 대로 산다)"라는 속담이 있다.

### 돌에서 왔다가 돌로 돌아가기

제주도는 왜 석다의 섬이 되었으며 그것이 주민의 성격과 정신생활에 영향을 준 구체적인 내용은 무엇일까?

**제주 여성들의 나들이** 자신감 넘치고 활달한 여성상이 그대로 드러나는 장면이다.(김홍인 사진)

    석다는 풍다와 함께 제주도가 척박한 땅이라는 것을 상징한다.
    제주 사람들은 요람에서 무덤까지 '돌에서 왔다가 돌로 돌아가는 사람들이다.'라 비유할 수 있을 정도다. 돌 구들(돌로 만든 방)에서 태어나 작지왓(자갈밭)에 묻힌다. 무덤을 둘러싸고 있는 것도 돌이다. 거주하는 집의 벽체가 돌이며, 울타리와 올레 그리고 수시로 밟고 다니는 잇돌(디딤돌)도 돌이다. 신앙의 대상인 산과 바닷가의 신체 자체가 돌이요 그 당을 둘러싸는 담도 돌이다. 밭이 돌밭(자갈밭)이요 그것을 둘러싸는 울타리

**오름자락의 무덤들** 용눈이 오름자락에 나란히 묻힌 제주인들의 무덤을 두른 산담. 제주인들은 죽어서도 돌담으로 담장을 둘렀다.(문화재청 사진)

역시 돌이다. 바다 밭에도 갯벌은 볼 수 없고 온통 돌뿐이며 오가는 길 역시 검은 현무암 돌길이다. 애월읍 구엄리 소금 생산도 갯벌이 아닌 돌바닥 위에서 이루어졌다.

 제주도에는 과거 농작물에 피해 주는 가축은 물론 노루, 사슴, 멧돼지 등의 야생동물이 지금보다 훨씬 많았기 때문에 이들에 의한 피해를 방지하지 않으면 농사를 지을 재간이 없었다. 그래서 이를 위해 방벽을 쌓을 수 밖에 없었는데, 재료는 지천에 널린 돌이었다. 밭에는 들어서면 돌이

**골왓마을 거욱대** 제주시 이호동 골왓마을에 전승되는 제주의 마을탑. 거욱대, 답 등으로 불리는 방사용 돌탑.(『사진으로 보는 제주역사』 사진)

고 파기만 하면 돌이 나왔다. 고르면서 쌓아놓은 잔잔한 돌들은 잣담길이 되었다.

 강원도 밭농사 지대도 그 경계를 돌로 하지만 그것은 논두렁 규모에 지나지 않는다. 육지부에서는 동네 어귀 장승을 나무로 만들지만, 제주도는 돌로 만들어 세운다. 마을들에서 보이는 방사탑, 돌하르방, 거욱대 등이 그것이다. 거욱대는 마을의 허함을 보충하는 비보적 기능외에 이정표의 기능과 풍요와 다산을 상징하는 돌탑 신으로 해석된다.

목장의 경계인 잣담, 바다에 쌓아놓은 환해장성은 밭담 등과 어울려 제주도를 흑룡만리 섬이라 불리도록 했다. 중국의 황룡만리는 만리장성(실제는 약 6천리)을 빗댄 말이다. 제주의 흑룡만리는 검은 돌이 끊기지 않고 9,700리(조선시대 1리=420m, 근대: 3,920m), 거의 10,000리에 이른다는 말이다. 제주도의 모든 밭 길이는 총 22,108km로 55,000리에 이른다.

　4·3 이후 한라산에 마소의 방목이 사라지고 동물 피해가 줄어들자 밭담은 허물어지고 낮아져 갔다. 2013년 제주도 돌담은 한국 농업유산 2호로 지정되었다.

### 사막의 땅, 그러나 한라산은 거대한 물허벅

　제주도 주민을 괴롭혀 온 가장 큰 어려움은 물 부족이다. 그래서 한라산 서부지방에서 3대 살기 좋은 곳으로 "제1 강정, 제2 도원(대정읍 신도와 무릉), 제3 번내(화순)"라는 말이 회자 되었다. 이들 지역은 제주도에서 논농사할 수 있을 만큼 연중 마르지 않는 물이 흐르는 지역이다. 본격적인 수자원 개발은 1960년대에 들어서다. 1980년 초 전국 최고의 상수도 보급률을 기록할 때까지 제주 사람들은 물 걱정하며 평생을 살다 갔다.

　가뭄, 바람, 태풍의 피해, 삼재(三災)는 모두 물과 관련된 재해다. 이 중 가뭄에 의한 한재(旱災)야말로 연례행사처럼 찾아오는 자연재해였다. 가뭄이 들면 먹을 물을 얻기 위해 사람들은 수 킬로미터나 되는 거리를 사람과 소 잔등에 물허벅을 매달고 물 길러 다녔다. "놋 씻을 때 물하영 쓰민 저승강 그 물 다 먹어사 혼다(세수할 때 물을 많이 쓰면 저승 가서 그 쓴 물을 다 먹어야 한다)"라는 속담이 나온 이유다. 취락의 입지 결정이나 말에 의한 진압농법 모두 이 가뭄 피해와 관련된다.

**흑룡만리 제주돌담**
다음 지도의 위성사진으로 본 제주의 밭담 전경(위) 조각보같은 경계선 하나하나가 다 돌담으로 이루어져 있다.(아래)

화산재가 덮인 밭을 제주 사람들은 '뜬땅' 혹은 '뜬밭'이라 부른다. 특히 화산쇄설물인 자갈과 암괴가 많이 덮인 밭을 '작지왓'이라 부른다. 화산회토, 작지왓이라는 이런 지형, 지질적 요인이 제주섬을 물이 귀한 사막이 되게 했다.

제주도는 다우 지역이다. 그럼에도 제주도는 일부 지역을 제외하고 대부분 논농사가 불가능하다. 비는 많지만 땅이 사막이어서 그렇다. 이는 물을 쏙쏙 빨아들이는 화산회토에만 원인이 있지는 않다. 한라산 역시 제주도가 물이 부족한 지역이 되도록 했다. 한라산은 방패를 엎어 놓은 모양과 같은 순상화산(아스피테형 화산)이다. 저지대의 평지는 좁다. 빗물은 순식간에 '내창'(비 올 때만 흐르는 와디, 건천)을 통해 바다로 유출되어 버린다.

용암에 기초한 용암반에 금이 난 절리가 발달했다는 것, 지하에 공동(용암터널)이 곳곳에 발달하여 쉽게 빗물이 유출되어 버리는 점도 땅에 물이 고여 있지 못한 이유다. 이런 지표 체류수 부족 현상으로 서귀포시 강정천 부근, 한경면 용수리 부근, 제주시 덕지답 외에는, 점토질 토양(된 땅)이 분포하는 한경면 고산리 등의 광활한 지역 조차 논농사를 짓지 못했다.

한편 한라산에 겨울 동안 지형성 강설로 쌓인 눈은 초여름까지 계속 녹아 생활용수로서 지하수 공급을 가능하게 하였다. 한라산은 비를 오게 할 뿐 아니라 제주 사람의 생명수인 빗물을 머금어 둔다. 만약 제주가 한라산 없이 마라도처럼 평평하였더라면 지형성 강수가 일어나지 않아 제주 사람의 출현은 없었을 것이다. 제주 사람이야말로 바람을 아버지로 하고 한라산을 어머니로 삼아 태어난 자손들이라고 말할 수밖에 없다.

지표수가 빈약하여 농업에 불리하지만, 반면 풍부한 제주 지하수는 세

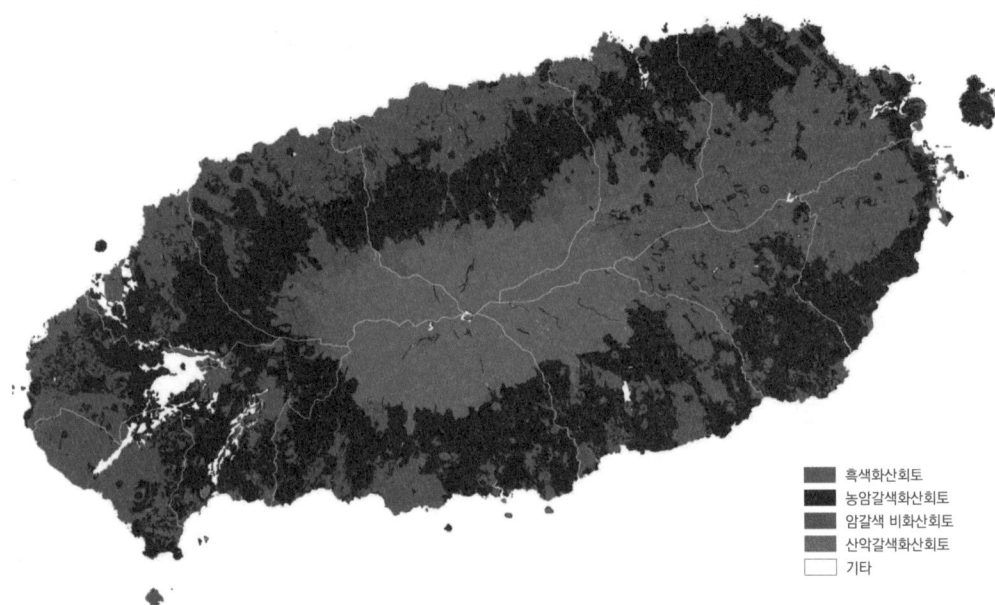

**제주도의 토양분포도** 제주도의 토양은 82%가 화산회토 지역이다. 화산회토는 투수성이 매우 높아 물을 가둘수 없다. (2019.8.29., 제주연구원 보도자료 이미지)

계 제일의 생수로 평가되고 있다. 제주도에 장수하는 사람들이 많은 이유도 물이 좋은 데서 찾을 수 있다.

제주도 물이 좋은 이유는 물이 낙엽이 많이 쌓인 화산회토를 지나 깊은 지하로 내려가는 과정에서 이온교환이 촉진되고 산성이 약화되어 산성도 값이 ph 7.3이 되기 때문이다. 깊고 긴 화산체 지하층을 통과하면서 불순 유기질이 걸러질 뿐 아니라 각종 미네랄도 함유하게 된다.

제주도의 지하수가 깊고 긴 지하층을 통과한다는 점, 겨우내 한라산에 쌓인 눈이 6월까지 남아있으면서 맑고 차가운 육각수를 지하로 침투시킨

**물구덕을 지고 물을 나르는 제주여인들** 여인들이 물구덕을 진 모습은 공동수도가 보급되기 이전인 1960년대까지 제주의 가장 전형적인 생활풍경의 하나였다.(『사진으로 보는 20세기 제주시』 사진)

다는 점은 좋은 약수의 기본 요건인 산소 보존을 보다 풍부케 함을 의미한다. 또 제주도 지하수는 활성탄이 20~30% 함유된 화산회토에 의해 여과되어 균이나 해충 등 유해물질을 여과해 낸 생명수다. 이에서 보면 한라산은 거대한 물허벅(항아리)이며, 그 항아리 입구는 깔대기 화구인 백록담이다.

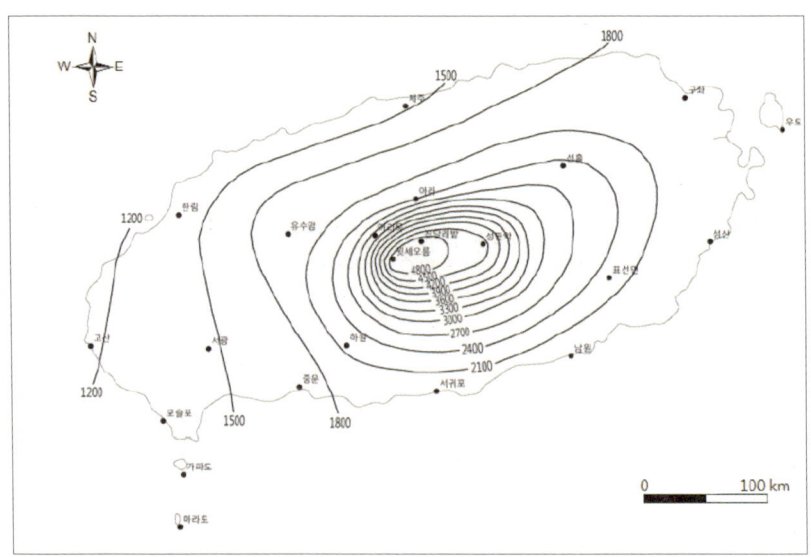

**제주도 연간 강수량의 분포도**

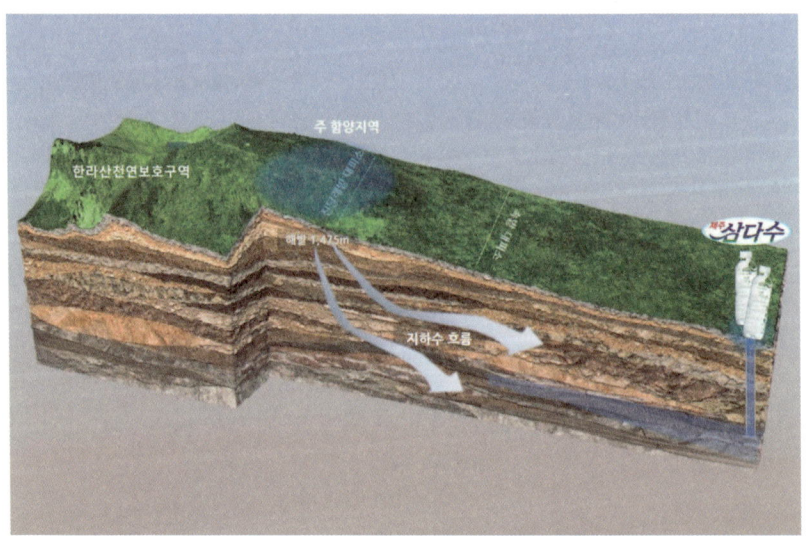

**삼다수의 생성원리**

60 제주문화의 원류, 해민정신

### 땅은 메마르고 백성은 가난(地瘠民貧)

제주도 농업은 1970년대 땅속 깊이 파고드는 뿌리를 갖는 과수(감귤) 중심 농업을 하고부터 가뭄을 크게 걱정하지 않게 되었다. 하지만 생산력 개선과 지속 가능한 농업차원에서는 우려되는 부분이 있다. 제주도는 화산활동으로 생성된 화산회토, 즉 '뜬땅'이 80%를 차지한다. 화산회토는 세계적으로 0.3%밖에 분포하지 않는 토양이다. 제주 사람들은 이곳을 '뜬땅'이라 부른다. 물이 쉽게 빠져 금방 푸석푸석 말라 버리기 때문이다. 이런 이유로 논농사를 할 수 없었다는 점이 제주도의 역사, 문화를 결정했다.

육지부에서는 비탈진 곳을 돌로 메워 그 위에 10cm의 흙만 깔면 물이 고여 논이 된다. 진도에서는 1년 농사만 제대로 지으면 3년 동안 먹을 식량이 나올 정도다. 그래서 같은 섬이라도 한반도 부속도서에서는 농업으로 생계를 유지할 수 있어 어업 인구가 5%도 안 되었다. 하지만 토지 생산성이 낮은 제주는 바다와 관련된 생활을 하던 사람이 조선 후기 이래 40% 이상이나 되었다.

제주도가 '지척민빈(地瘠民貧, 땅은 메마르고 사람들은 가난하다)'하다는 것은 바로 그런 화산 토양의 낮은 수분함량과 빈약한 유기질 함량 때문이다. 무엇보다 제주 사람을 괴롭혀 온 흉년은 가뭄에서 비롯됐다. 인도네시아는 화산회토 지역이라도 일 년 내내 비가 오기 때문에 논농사 가능 지역이다. 그러나 제주도 화산회토는 비가 멈추자마자 마르기 시작하여, 이내 부스스 떠서 바람에 휘날리며 흙먼지 세상을 만들어 버린다. 다만 이 뜬땅에 자갈이라도 덮여 있으면 다소나마 토양수분을 보유할 수 있었다. 그래서 이 돌을 '지름작지(기름자갈)'라 하여 소중히 여겼던 것이다.

**기름작지** 기름작지(자갈밭)에서 마늘을 파종하고 있는 농부의 모습. '돌의 섬, 제주'를 상징하는 한 장면이다.(박경훈 사진)

같은 밭농사지만 제주는 이랑을 만들지 않고 농사짓는 만종법(晚種法)을 행했다. 이랑을 만들지 않아도 되는 이유는 투수율 높은 화산회토의 땅이기 때문이다. 투수율 낮은 육지부 토양에서 물길을 내는 밭고랑을 만들지 않는다면 강우 시 표류수에 의해 작물이 남아나지 않는다.

말에 의한 진압농법은 2~3명 테우리(목동, 목자)가 20~30마리 말을 몰고 와 밭에 밀어 넣음으로써 작업이 시작된다. 500여 평의 밭을 밟는데 걸리는 시간은 약 2시간 정도이다. 말이 없는 경우 마을 몇 집이 '남태 접'

**제주의 진압농법** 제주 농촌의 밭볼리기 장면. 말떼와 낭테, 나무가지를 엮은 섬피까지 동원되었다.(『사진으로 보는 제주역사』 사진)

을 구성하여 말발굽 모양의 '남태'를 만들어 밟아준다. 남태는 길이 1m 정도의 둥근 나무토막에 50여 개의 말발굽 모양으로 만든 나무를 박아 굴리는 농기구이다. 이 역시 마을 공동 작업이다.

만약 제주 섬이 투수율 높은 화산회토가 아니고 육지부와 같이 점토질 토양이었다면 틀림없이 논농사를 지었을 것이다. 그랬었다면 육지부와 같이 양반 지주와 소작인이 있고 빈부 차가 심한 사회가 되었을지 모른다. 그러나 마실 물조차 귀했던 제주 섬에서 밭에다 물을 대며 논농사를 한다는 것은 어려운 일이었다. 화산암반들에 의해 조각난 작은 땅에서 부지런히 일하며 자족하는 집이 대부분이었다. 부자 빈자 없이 대부분 그렇게 살았다.

## 2. 섬의 수호자, 여장부들

### 활보하는 여성들

제주도의 남자들은 포작인(浦作人, 해산물 채취하는 사람)이 되어 교역이나 어업을 위해 다른 나라로 출가해야만 했다. 이로 인해 남자가 적어 보였다. 실제로 잦은 해난 사고로 인하여 남자의 사망률이 훨씬 높았다. 심지어 16세기 제주에는 남자들이 부족하여 왜구를 방어하기 위해 육지부에서 원병 올 정도였다. 태평양전쟁과 6·25 한국전쟁 그리고 '제주 4·3' 등으로 의한 남자의 사망도 이런 상황을 지속시켰다.

비는 많지만 메마른 땅 제주에서는 밭농사가 대부분이었다. 이는 여성 노동력이 많이 요구되는 생활이었음을 의미한다. 어느 지역이든 밭농사 지역이 잔손질이 많이 들기 때문에 여성 노동량이 남성에 비해 많다. 김

**당당한 제주 해녀** 1930년대 통영에서 활동했던 제주 출신 해녀의 모습.(여수수협 사진)

매기 노동은 지구력과 섬세함을 갖춘 여성이 더 많이 하는 노동이다. 논농사는 남자 대 여자의 노동 투입비가 7:3이지만 밭농사지대는 4:6으로 나타나고 있다. 제주도에서 여름작물인 조 경우, 남자 대 여자의 비율이 무려 2:8로 나타난다.

일반적으로 밭은, 물이 제초제 역할을 하는 논보다 6배나 잡초가 더 난다. 제주도 농업은 거의 밭농사이기 때문에 일 년 내내 잡초와 싸움을 했다. "잡초를 메는 것도 농사다"라는 제주신화 속 대사가 있고, "검질 메영 돌아상 보민 검질낭 싯나"(김매고 돌아보면 그 자리에 다시 김이 나 있다)라는 속담이 만연할 정도다. 김매기가 지겨워 도망치다시피 육지로 물질 나와 살았다는 해녀들이 있을 만큼 김매기는 고역이었다.

전체적으로 보아 논농사는 물 때문에 밭농사에 비해 잡초의 번식이 심하지 않다. 나더라도 남자가 간단하게 제거할 수 있다. 또 물 대기와 물빼기 작업을 거의 남자가 한다. 그러니까 벼농사 지역에서는 남자가 모내기, 물대기, 김매기, 벼 베기, 타작 등 추수 때까지 전 과정의 일을 하였다.

한편 지상에 있을 때보다 3~4배 빨리 체온이 저하되는 바다에서의 작업은 체온유지가 필수다. 남자는 피하지방이 빈약해서 작업 효율성이 떨어진다고 한다. 수중 잠수도 남자보다 여자가 내한성이 강해 이래저래 제주 여성들은 과중한 노동을 할 수 밖에 없었다. 면 물옷을 입었을 때 겨울철 물질은 30분, 여름철 물질은 60분 정도밖에 할 수 없다. 오늘날은 고무 물옷을 입어 3시간에서 5시간까지도 물질할 수 있고 체온유지 문제가 해결되었지만, 지금도 역사 문화적 습성이 남자의 물질을 막고있다.

"좀녠 저승돈 주서당 이승에서 쓴다(해녀는 바다 저승에서 돈 벌어 이승에서 쓴다)", "지픈 물질 나갈 땐 혼백장지 등에 진다(깊은 물에 나갈 땐 관 상자 등에 지고 간다)"는 속담이 있다. 제주 여자들은 목숨 걸고 가족

**미역해경 때 불턱의 해녀들** 일제강점기인 1930년대 해마다 3월 하순이나 4월 초순경에 온 섬의 해녀가 어업조합의 지시를 받아 미역 따는 날을 정하고 일제히 미역을 채취했다.(『사진으로 보는 제주역사』 사진)

**물질하는 해녀** 해녀들의 물질은 저승과 이승의 경계를 넘나드는 고강도의 해중노동이었다.(셔터스톡 사진)

을 위해 4계절 가리지 않고 바다를 넘나들었다. 그런 바다가 그녀들에게는 원망스럽기도 했지만, 돈을 벌게 해주며 자립할 수 있게 하는 선물이기도 했다.

해녀들의 해산물 채취에 의한 소득은 1960년대까지만 해도 가계수입 전체의 1/3에 해당했다. 해녀들이 저승길 같은 바닷길을 넘나들면서 물질을 했던 이유는 잡은 해산물을 바로 현금화하는 즐거움 때문이다. 농산물은 기껏해야 1년에 한두 번 뿐이지만 전복, 소라, 우뭇가사리는 수시로 큰 돈을 벌게 해준다.

 머리에 수건를 두르고 낡은 갈중이를 입고서 하루 종일 바다로, 밭으로, 집으로 뛰어 다니는 제주 여성들의 모습은 외지에서 온 사람들에게 사방천지 여자뿐이구나 라고 느끼게 했다. 이 강한 이미지가 제주를 '여다의 섬'이라 부르는 계기가 되었다고 여겨진다.

 그렇다고 육지부 여성들이 안락한 삶을 살았다고 생각해서는 안 된다. 비숍은 "한국의 농촌 여성들은 의복관리, 식사, 도정, 물 운반, 베 짜기 등의 수많은 가사일 외에 밭일도 하였으며 며느리에게 고된 일의 일부를 물려줄 때까지 단지 막일꾼에 지나지 않았다."라 하고 있다. 상머슴처럼 집 안에서 일만 하고 자립하지도 못하는 육지부 여성들은 오히려 제주 여성들보다 더 힘한 질곡의 삶을 살았다고 할 수 있다.

 제주 여성들도 비록 상머슴처럼 살긴 했지만, 직접 생산현장에 나가 돈을 벌었기 때문에 가족, 남편에게 무작정 의존하며 살지 않았다. 자신의 노력으로 번 돈을 자신과 가족들을 위해 썼으며 그들에게 꿋꿋했다.

### 조왕(竈王)이 편해야 집안이 편안

 "조왕(부엌신)이 편해야 집이 편안하다"라는 말은 가정주부가 편안해야 집안이 편안하다는 말이다. 지나치게 과중한 가사 부담이 여자에게 주어진다면 집이 편안할 수 없다. 제주 여성들이 많은 일을 했던 것은 분명하다. 하지만 제주 남자들도 일부의 오해처럼, 여자에게 기대 한량같이 놀기만 한 게 아니라 남자들 또한 쉴 새 없이 일했다. 남녀 간의 역할 분담이 이루어졌다.

 남자들은 밭 거름으로 쓸 듬북(모자반)을 채취하는 일을 했다. 테우를 타고 3m나 되는 장낫으로 건져 올려야 하기 때문에 집으로 돌아온 이후

**바다풀을 채취하는 남자들** 1973년 봄 구좌읍 종달리 남자들의 듬북 채취.(우근호 사진)

한 달 동안은 마누라도 못 안을 정도로 힘든 노동이었다고 한다. 아내들이 건져 올린 무거운 해산물들을 받으러 바닷가에서 대기하기도 했고 집안의 여자들이 모두 물질을 가버리면 남자들이 영유아를 돌보거나 취사를 담당하기도 했다.

남자들이 눈에 잘 띄지 않았던 것은 남자의 높은 사망률 외에 노동의 성적 역할이 달랐기 때문이었다. 남자들의 노동은 주로 목축(테우리), 밭갈이, 거름의 수거·운반, 우마차를 이용한 수확물의 운반, 가옥·농기구의 제

**물질 나간 아내를 기다리는 남편들** 1970년대 구좌읍 하도리의 물질 나간 해녀의 남편들이 태왁망사리를 옮겨주기 위해 지게를 가지고 물질이 끝나기를 기다고 있는 모습.(『사진으로 보는 제주역사 사진』)

작 및 수리, 돌담 쌓기, 삯 노동 등 근력을 이용하는 것이다. 이 노동들은 간헐적 혹은 일회적이며 동시에 가정 내 혹은 동네 안에서 이루어진다. 특히 남자가 하는 삯 노동(임금 노동)은 여성 물질 못지않게 가계수입에 도움을 줬다. 부업으로 행하는 이 일을 하는 사람을 제주에서는 '작남' 혹은 '놉'이라 불렀었다.

제주의 자연환경은 제주 여성으로 하여금 우마에 의한 밭갈이를 제외하고는 남자가 하는 일을 거의 모두 하도록 했으며 제주 남성들도 아이 낳는 일만 제외하고는 여성들이 하는 일을 거의 모두 하도록 했다.

### 아들보다 딸이 더좋다

일시적으로 과도한 노동력을 요구하는 불안정한 계절풍 지역에서의 논농사, 혈연에 기초한 조상숭배가 절대시 되는 사회에서는 가문의 권력을 유지하기 위해 아들을 중시할 수밖에 없다. 게다가 며느리를 아들 숫자만큼 데려와 노동력을 늘릴 수 있었기에 아들이 많을수록 다다익선이며 부귀가 곧 다남(多男)이라는 생각을 가지게 되었다. 아들을 낳고 키우는 것은 위험보험, 출세보험, 양로보험에 드는 것과 같았지만 딸은 출가해 남의 집의 아들을 낳는 수단으로 인식했을 뿐이다.

그러나 제주 사람들은 바다에서 물질을 통한 경제활동을 해왔으며, 분산 경지에서 밭농사를 해왔고, 성별의 다름을 뒤로하고 개개의 능력을 키우며 각자 살아야 했기 때문에 아들 선호 사상이 덜 했다.

"똘 나민 도새기 잡앙 잔치ㅎ곡, 아덜 나민 발질로 조롬팍 차분다(딸을 나면 돼지 잡아 잔치하고, 아들을 나면 발길로 궁둥이 차 버린다)", "똘 한집이 부재(딸 많은 집이 부자)", "똘 싯이믄 부재난다(딸 셋이면 부자 난다)"라는 속담이 그렇게 나왔다.

### 축첩제인가 일부다처제인가

일부일처제의 단혼제가 이상적이며 일부다처제나 다부일처제 등의 복혼제는 퇴폐적이라 말할 수는 없다. 그것은 시대와 공간에 따라 얼마든지 변한다. 남자에게는 다처제를 허용하면서 여성만 한 남편만을 섬기도록 하는 일부일처제는 옳지 않다.

축첩제가 제주도에서 보편화 되었던 것은 사실이다. 제주도 처첩문화는 고대사회부터 있었다. 3세기 진수가 쓴 『삼국지』〈동이전(東夷傳)〉에는 제주도를 지칭하면서, "사람들이 모두 술을 좋아하고 오래 장수하는 사람이 많아서 백여 세가 되도록 사는 사람도 몹시 많다. 그러나 그 나라는 여자가 많아서 어른이 되면 계집을 4명 또는 2, 3명씩 데리고 사는 사

**물질하는 해녀** 해녀들의 물질은 저승과 이승의 경계를 넘나드는 고강도의 해중노동이었다. (내셔널지오그래픽 다큐 캡처 사진)

람이 많다. 여자들은 음란한 짓을 하지 않고 또 질투도 않는다."라고 하고 있다.

그간 제주도의 복혼제 문화가 축첩제냐 일부다처제냐 하는 것이 쟁점이 되어 왔다. 일부다처제란 여자가 남자 없이 완전하고 자립적 경제생활을 못하는 경우 만들어진다. 그러나 제주도에서는 여성이 자립할 수 있었기 때문에 경제적 이유로 남의 첩이 되었다는 것은 어불성설이다. 따라서 일부처첩제로서의 축첩제라 하는 게 맞다고 생각한다.

제주 섬의 축첩문화는 신들의 세계에도 만연해 있었다. 제주 송당 신화에서 남편 소천국은 남의 소를 잡아먹었다가 부인 백주또로부터 별거 선언을 당하여 첩을 얻는다. 조천 교래리 본향신이 된 소천국의 아들도 그 아버지를 닮아 본처 외에 첩을 두었다. 성산 수산리 본향당신도 첩을 데려온다. 일반신화인 「차사 신화」에 나오는 강림은 무려 18명의 호첩을 거느리고 있다. 서귀 본향당신화의 '지산국'은 언니 고산국의 남편 신인 보

**불턱의 해녀들** 1980년대 물질을 끝내고 해산물을 손보는 김녕리의 해녀들.(김수남 사진)

롬옷또의 첩이었다.

　근대 이전 육지부 여자들은 삼종지의(三從之義, 어려서 아버지를 따르고, 시집가서는 남편, 다음에는 아들을 따르는 것)에 반하는 것을 두려워했다. 그녀들은 돈이 없었기 때문에 그들에게 기대 살 수밖에 없었다.

　육지부에서 첩이 되는 경우는 여성이 칠거지악을 범하여 소박맞게 되는 경우이다. 소박맞은 여성은 이불보 하나만 들고 먼동이 트기 전에 성황당이 있는 마을 어귀에 서성거린다. 이때 맨 처음 그 여성을 만나게 되는 남자가 반드시 '성황당 맞이'를 하여 그 여성을 첩으로 맞아야 하는 습첩 관행이 있었다.

　혼성 취락 제주에서는 마을 내에서, 혹은 가까운 마을에서 결혼하는 경우가 많았기 때문에 함부로 여성을 내쫓을 수 없었다. 가까운 부근에 아내의 부모 형제가 살고 있었기 때문이다. 이혼은 여성의 자유의지가 포함된 경우가 많았고 첩이 되는 것도 마찬가지다. 제주 여성들에게 칠거지악이니 삼종지의니 하는 규범은 그리 중요치 않았다.

　조선 시대, 제주의 호적은 타지방과 다른 양상을 보여준다. 가까운 통혼권, 자유로운 이혼과 재혼 등이 나타나고 있다. 부계사회인 조선 시대였음에도 여성이 호주로 기재되어 있는 사례가 적지 않게 등장한다. 이는 18세기 이미 가부장적 부계질서가 확립되었던 조선의 현실과 거리가 있음을 보여준다.

### 귀찮은 더블보다 '자유로운 싱글'이 좋다

　남성 중심의 가부장적 사회에 살아온 한국 여성들은 평생 남성의 절대적 권위에 눌려 살아갈 수밖에 없었다. 여성들의 시집살이는 그 질곡이 이만저만이 아니었다. 요즘도 '시'자 붙은 사람들을 생각만 해도 닭살이 돋고 심지어는 졸도하는 여성들이 적지 않다고 한다. 며느리로서 한국의 여성들은 시집 식구들은 물론 자신을 지겹게 일하도록 만드는 농기구마저도 원수로 생각했다.

　이러한 상황에서 한국의 어머니들이 시집 식구들의 틈바구니에서 유일하게 위안이 될 수 있는 자기편은 오직 자식뿐이라 생각하게 된 것은 어쩌면 당연하다. 그중에서도 자기 분신인 아들뿐이었다. 이로써, 여자는 '어려서는 아버지를, 시집가서는 남편을, 늙어서는 아들을 따라야 한다.'는 삼종지의라는 가부장제, 여성 차별주의가 완성된다.

　아무리 빈곤해도 육지부 동족 취락의 여성들은 여승인 비구니나 각설이와 무당 그리고 사당패가 아닌 이상 스스로 다른 지역으로 이동하여 생업에 종사할 수 없었다. 세시풍속이나 종교 제례에 따른 탑돌이 복회(福會)가 아닌 한 동족 취락 여성들은 친인척 외 남자를 접촉할 기회도 없었다. 주위에 있는 남자들 모두는 오로지 혈족뿐, 혈의 장막에 둘러싸여 있을 수밖에 없었다.

　제주신화에는 여성으로서 뛰어난 미모와 현명함을 인정을 받아 농경을 관장하는 신이 된 '자청비', 도전과 용기, 선견지명을 지닌 운명의 신 '가믄장', 창조의 신 '설문대', 바람과 바다의 신 '영등 할망' 등과 같은 힘센 여장부, 강인한 여성 이야기가 유난히 많다.

　실제로도 제주 여성들은 최고의 적극성과 진취성을 가진 것으로 평가받고 있다. 육지부 여성들은 남편이 사망할 경우 대들보가 무너졌다며 좌절의 세월을 보내는 경우가 많지만, 제주 여성들은 생활전선에 뛰어들어 가계를 꾸려간다. 남편의 부재가 되려 가정의 부를 일구는 계기가 되기도 했다. 제주에는 "각시 죽은 홀아방은 살당 보난 거적문만 돌랑ᄒ곡, 서방 죽은 홀아멍은 살당 보난 부제만 뒌다(부인 죽은 홀아비는 살다보니 지푸라기 문만 달랑 남고 남편 죽은 홀애미는 살다보니 부자만 된다)"라는 속담이 있다.

　1920년대 초 선교사들이 제주도 한 마을 주민 중 두 쌍만이 원래 결혼했던 대로 그대로 같이 살고 나머지 모두는 이혼이나 재혼 경력을 갖고 있었다는 기록을 보고 대단히 놀랐다고 한다.

　제주도의 이혼 현상 역시 제주신화에서 보듯 어제오늘에만 있었던 것

**오름 위의 여목동** 제주의 여인들 역시 남자들의 영역인 테우리일도 마다하지 않았다.(『사진으로 보는 제주역사』 사진)

제2장 처처석전(處處石田), 처처부녀(處處婦女) 77

**여성 해병** 제주도에서 지원입대한 여성 해병 4기(126 명)들이 진해에서 훈련을 마치고 기념촬영한 모습. 제주 여성들은 전쟁이 일어나자 누구보다 먼저 군대에 지원했다. 이는 제주의 오랜 전통인 여정(女丁)문화에서 기인하는 것이기도 하다.(한미우호협회 사진)

이 아니다. 제주도 대표적인 신화인 〈송당 본향당 신화〉는 한라산에서 솟아난 사냥신 소천국과 오곡의 종자와 마소를 데리고 입도한 백주또의 결혼에서 시작한다. 나중에 이 부부가 이혼하게 될 때 백주또는 남편 소천국을 내쫓으며 "우리 집 소를 잡아먹은 것은 예사로 있을 수 있는 일입니다만, 남의 집 소를 잡아먹은 것은 이거, 소도둑놈 말도둑놈 아닙니까? 우리, 땅 가르고 물 갈라 살림분산 합시다."라고 말한다.

 이 한두 소절에 제주도의 많은 것이 축약되어 있다. 도둑질은 절대 안 된다는 제주도의 규범, 경제 정의, 공동체 신뢰를 저버리는 것은 아무리 내 남편이고 아이의 아버지라도 받아들일 수 없다는 공동체의식, 차라리 남편을 버려 자신과 아이들이라도 마을공동체에 살아남아야 한다는 강한 개체보전의 욕구, 그 아득한 옛날에, 여자가 먼저 땅 가르고 물 갈라 살림분산을 요구하는 특별한 여성성과 그것을 받아들이는 제주 사회의 모습이 그것이다.

유교 문화에 젖어 있던 육지부에서는 제주도에서처럼 여자가 먼저 이혼 제의를 할 수 없다. '소박'이니 '출처' 혹은 '축처'라는 말에서 보듯이 육지부에서의 이혼은 '처를 내쫓는다.'라는 뜻으로 남자 쪽 의사였다. 그러나 제주도에서는 출부 내지 축부로 남편이 부인에게 버려지는 상황이었다.

제주 여성들은 결혼이 개인을 억압하거나, 특히 가족 전체의 안전망인 마을공동체의 질서를 해치면 용서하지 않았다. 또 아버지, 남편, 아들에 무조건 의존하는 삶도 받아들이지 않았다. 남편을 임금이나 꽃으로 비유하고 귀하게 생각하는 다른 지방 여성들과는 매우 다른 남편관을 가지고 있다.

오늘날의 한국 여성들이 흔히 '초라한 더블 보다 화려한 싱글이 더 좋다'라고 말하는 것에 반해 제주의 여성들은 '귀찮은 더블 보다 자유로운 싱글이 더 좋다'라고 생각해 왔던 것 같다. 남편이 귀찮은 이유는 아내를 개체로 인정하지 않거나 가정에 남편과 아버지의 책임을 다하지 않거나 공동체의 질서를 반하는 몰상식한 행동 때문이다. 같이 살고 있다 하더라도 그런 남편에게는 별 관심이 없다. 있으나 마나 한 존재로 여기며 혼자 열심히 일하면서 독립적으로 살아간다.

제주에는 "서방은 놈줘도 ᄌ식은 놈 못준다(남편은 다른 사람에게 줘도 자식은 못준다)"라는 속담이 있다. 송당 신화에서 백주또는 겁도 없이 아들 18, 딸 28을 혼자 키운다. 그녀는 열심히 일하고 절약하면 혼자서라도 못 키울 것도 없지! 하며 부지런하고 꿋꿋하게 살았던 제주 할머니, 어머니들과 닮았다. 책임감이 그녀들을 강한 어머니로 서게 했고 책임감 없는 남편과의 귀찮은 더블 보다 자유로운 싱글로 살게 했다.

제3장
도무(盜無)·걸무(乞無)의 섬

# 제3장 도무(盜無)·걸무(乞無)의 섬

## 1. 수눌음은 상호 노동교환

 제주도 수눌음과 육지부 품앗이는 모두 개인 간 이루어진 상호 노동교환이다. 제주에서 수눌음은 검질(김) 매기 외에도 조나 피 파종, 수확과 운반, 돌담 수리, 연자방아 돌리기, 집짓기 등을 할 때 이루어졌다. 제주도는 대부분 푸석푸석한 '뜬땅'(화산회토)이기 때문에 조나 피의 파종을 하루 안에 끝마치지 않으면 씨앗이 바람에 날려 버리거나 새[鳥]의 먹이가 되어버린다. 이 때문에 한꺼번에 집중적인 노동 투입이 중요하다.
 제주에서는 "밭농사는 호미(제주어 '골갱이') 끝 가는 대로 된다." 또는 "잡초 1년 키우면 7년 고생한다."라는 속담처럼 밭농사 지을 때 이웃 간 노동교환을 통해 잡초 제거에 집중해야 했다. 그래서 수눌음이라는 상호 노동교환 형태가 등장했다.
 한마디로 수눌음은 임금 대신 개별적 등가 노동력을 교환하는 방식을 말한다. 제주에는 밭이 위치한 지대의 높이에 따라 물의 투수 상태, 진압

**초가 지붕 잇기 수눌음** 초가지붕을 새로 갈아덮는 지붕잇기는 개인이 힘만으로 감당할 수 없는 노동이었기에 주로 인근의 5~6가구가 한 팀이 되어 공동노동으로 처리한다. (KBS뉴스 화면 캡처)

시기, 제초 시기, 파종 시기, 황숙(익어가는) 시기가 다르다. 따라서 즉각 노동력을 교환해 때맞춰 중요한 농사일을 빨리 처리하는 것이 효과적이었다. 이는 서로 돕는 공조 에너지 교환 시스템이라고 할 수 있고 패자는 없고 승자만 있는 승/승 게임에 해당한다.

수눌음은 육지부 논농사 지대의 두레(1가구당 1명씩 의무적으로, 마을 전체, 집단적)나 품앗이(마음에 맞는 사람이나 이웃끼리 혹은 개별적)와 다소 다르다. 수눌음은 나와 남이 동시에 노동을 제공하는 반면 품앗이는 시차를 두고 이루어진다.

그리고 수눌음은 다자간에 이루어지지만 품앗이는 개인 간에 이루어진다. 수눌음은 동질의 노동력을 교환하는 의무적 협동노동인 데 반해 품앗이는 보은적 노동교환 성격이 강하다. 또 수눌음은 조건에 따른 계약적 노동교환으로 감성이 아닌 이성적 등가교환을 전제로 한다.

눌 탈곡을 끝낸 짚단을 원형으로 쌓아올린 제주의 눌. 수눌음이란 말은 이처럼 사람들의 힘을 모아 큰 일을 감당하는 데서 유래했다.(제주시청 공식블로그-50만 시민의 벗, SNS시민기자단 사진)

제주도는 다양한 성씨들이 모여 형성된 혼성 취락(각성바지)에 소가족(부부가족) 문화가 있다. 이런 이유로 제주 사회는 항상 노동력이 부족했기 때문에 상호 노동력을 교환하는 수눌음이 등장했다고 여겨진다.

수눌음은 타산적 계약으로 서로 협력하는 대등 노동교환제이다. 품앗이는 사람과 농사짓는 소의 노동력 교환, 남성과 여성, 장년과 소년 같이 다소 노동력의 질이 다르더라도 이를 동등하게 받아들여 노동력을 상호 제공하는 경우가 많다.

수눌음은 갚지 않아도 되는 느슨한 품앗이와 달리 권리와 의무를 함께 지는 두레와 같다. 그러나 수눌음은 상설 조직의 집단공동체가 아닌 개인 또는 다자간 사안별 자유 계약으로 이루어지는 임시적 협동노동이라는 점에서 두레와 다르다.

## 2. 논은 자리로 밭은 거름으로

육지부에서 논농사는 물을 확보해야 하기 때문에 위치가 매우 중요하다. 벼는 물속에서 영양분을 섭취하며 성장해야 해서 물 없이는 재배될 수 없다. 반면, 제주의 밭농사는 빗물을 그대로 이용했기에 논농사처럼 물 댈 곳이 큰 의미 없다. 대신 제주에서 밭농사는 '거름으로 해 먹는다'라고 한다. 거름을 준비하면 원하는 생산량을 얻을 수 있었기 때문이다. 이처럼 거름 확보 여부가 전통 제주 농업에서 가장 중요하다.

유럽에서는 밭농사에 필요한 거름을 소나 비둘기에게서 얻었다. 그러나 돼지는 참나무 숲속에 방목하여 길렀기 때문에 거름 채취가 불가능했다. 대신 비둘기 집에서 나오는 분뇨를 거름으로 활용하였다. 유럽에서 한 통의 똥은 농민이 영주에게 바치는 무거운 세금이었다. 간혹 장원 관리 집사는 암소 똥과 송아지 똥, 영주 집에서 나온 쓰레기를 봉급으로 받기도 했다.

제주도에서는 여름작물로 조 외에 콩이나 팥을 재배하거나 휴한 농업을 해왔다. 이것은 화산회토에서 결핍되기 쉬운 질소 성분을 얻기 위함이다. 또 토양을 비옥하게 만들기 위해 여름철 콩밭을 갈아엎기도 했다(녹비, 거름콩). 이외에 우마를 이용해 거름을 확보하는 풍속도 있었다. 가축을 일정 휴한지에 몰아넣어 그 배설물을 비료로 이용했던 '바령 밭'은 질소 성분이 들어있는 거름을 확보하던 대표적 사례이다.

대게 바령 밭은 소나 말을 한 장소에 모아 우마의 똥과 오줌을 거름으로 활용하는 밭으로 봄, 여름, 가을철에 바령이 이루어졌다. 이원진이 쓴 『탐라지』(1653년)에는 "민가에서 우마를 길러 둔을 만들어 방목하면서 우마를 밭 밟기와 바령 밭에 활용한다"라는 기록이 있을 정도로 제주에

**바령팟** 질소 성분이 부족했던 화산회토에 우마의 분뇨를 거름으로 활용하기 위한 고육책이었다.(『사진으로 엮는 20세기 제주시』 사진)

서는 1600년대 중반에도 바령을 통해 거름 확보가 이루어졌다.

　육지부 논에서는 벼 생장에 필요한 망간, 철, 규산 등이 물속에서 흡수되기 쉬운 성질로 변해있고 논흙 속에 들어있는 미생물이 질소 고정 역할을 하기 때문에 물과 관련된 벼의 양분 생성이 유리하다. 따라서 논농사 지대 사람들은 "비가 거름이다"라고 한다.

　논농사는 가장 손쉽게 할 수 있는 농업이다. 논에서 생산되는 쌀은 가장 고가의 상품작물이다. 그러나 그보다 최상의 비료인 물을 잘 대고 뺄 수 있는 좋은 자리라야 안정되게 생산할 수 있다.

반면, 토양 자체가 화산회토라 토양 영양 공급이 어려웠던 제주도에서는 논농사 비해 무려 18배의 퇴비를 시비해야만 겨우 적정 생산량이 나올 정도였다. 그래서 제주도민들은 돗거름, 쇠거름, 해조류(톳), 녹비(콩잎), 인뇨(똥오줌), 불치(아궁이 재), 어비(魚肥, 멸치 등) 등을 거름으로 활용했다. 이처럼 제주에서는 퇴비 시비(施肥)에 따라 생산량이 늘어났기 때문에 거름 확보를 위해 부지런히 움직일 수밖에 없었다. 그래서 제주도

**듬북눌** 1970년대까지는 제주해촌에 가득 쌓여있던 밭거름으로 쓰기 위한 듬북눌 풍경.(홍정표 사진)

민들은 "부지런한 부자는 하늘도 못 막는다."라는 속담을 자주 말했다.

## 3. 소작인이 없는 평등 사회

전통 농경사회에서 토지 소유는 삶의 질을 결정한다. 그런데 광활한 무주공야(주인없는 넓은 들판)의 용암 평원이 마을에 근접해 있어 제주 농민들은 마음만 먹으면 누구나 농경지를 가질 수 있었다. 이 때문에 제주에서는 재산이 없는 무산자(無産者)가 거의 없어 평등 사회를 이루었다고 할 수 있다.

신생대 제4기 화산폭발로 형성된 제주도 중심부에 한라산이 자리잡고 있어서 생겨난 중산간 지대의 용암 평원은 '캐왓'(공동으로 관리했던 밭) 문화에서 보듯 누구든 자유롭게 농지를 소유할 수 있었다. 또 이곳 초지를 활용해 소나 말을 목축할 수 있었다. 제주도 목축문화인 '멤쇠' 문화도 용암 평원이 있었기 때문에 생겨났다. 멤쇠 문화란 여유 있는 농가가 가난한 농가에 암소를 빌려주면 그 농가는 암소를 농사에 이용함과 동시에 번식소로 돌보게 된다. 그러다가 암소가 새끼를 낳게 되면 그 몫을 서로 반반 나누어 갖는 것을 말한다. 이렇게 되면 가난한 농가도 자기 소유 가축을 가질 수 있다. 이에서 보면 멤쇠 문화는 우마 목축에 있어 평등화 여건을 제공했다고 볼 수 있다.

**용암 평원과 자작농**

누구나 경지를 가질 수 있었던 제주 사람들은 "밭 한 판(약 200평) 늘리느니 식솔 하나 줄이는 것이 낫다"라는 말을 자주 했다. 즉, 많은 경지 면적을 소유하여 생산량을 올리려 했던 논농사 지대 농가와 달리 무리해서 부(富)를 추구하거나 억지로 지주가 되려 하지 않았다. 만일 화산섬이라는 토지 환경 속에서 일부 사람들이 대규모 토지를 소유할 경우, 농사지을 토지가 없어 결국 굶어 죽어야 하는 사람들이 생겨나는 것을 원하지 않았기 때문이다.

사실 중산간 용암 평원 지대는 척박하고 비옥도가 낮지만 개간 가능한 야초지가 제주도 전체면적의 21.2%나 될 정도로 넓다. 이곳은 인구 밀집 지대인 해안 농경 지대와 원시 자연경관을 보여주는 산악지대의 점이지대로 해발 200~600m 사이이다. 중산간이라 부르는 이 용암 평원의 면적은 약 5만 3000ha로 이 가운데 1만 6000ha는 경지 가능지, 1만 4000ha는 목초지와 기타 불모지이다. 과거 이곳에는 주기적으로 이동의 편익과 병충해 방지 그리고 양질의 목초를 얻기 위해 방앳불 놓기(2~3월경 목초지에 불 놓기)가 이루어졌다. 그 결과, 삼림이 제거된 자리에 2차 초지대가 형성되었다.

물론 용암 평원은 해안지대에도 있다. 해발 고도 0~550m 사이에 발달한 넓은 용암 평원(용암대지)이 도둑 없고 거지 없는 평등의 섬 제주도를 만들었다고 해도 과언이 아니다. 누구나 이곳에서 초지를 개간해 농경지로 만들면 자작농이 될 수 있었다. 다시 말해, 중산간 거주자들은 무주공야 용암평원에 '친밭', '새밭', '목장밭'이라 불리는 토지를 개간하여 스스로 자작농이 될 수 있었다.

이로 인해 제주도에 소작인이나 머슴이 거의 나타나지 않았고 빈부 격차도 크지 않아 구성원 간 갈등을 줄일 수 있었다.

제주에는 전통적으로 소작이 거의 없었다. 소작 대신 '벵작(병작)' 문화가 있었다. 그래서 제주 사람들은 소작이라는 말 자체를 모른다. 이 때문

**방앳불 놓기** 1990년 8월 27일, 그 당시 금덕리(애월읍)에서 이루어진 방화.(강만보 사진, 제주학센터 제공)

에 마름(지주를 대신해 소작권을 관리하던 사람)이 무엇인지 알 리 없다. 벵작이 소작과 다른 점은 갑과 을 관계가 아니라 갑과 갑의 상호 대등한 관계에서 경지를 빌려주고 받는다는 것이다. 즉, 양자 간 소출의 나눔을 2:1로 할 것이냐, 아니면 1:1로 할 것이냐를 선택한 뒤 계약한다. 2:1로 나누는 경우는 소위 '삼분 벵작'이라 하여 땅 주인이 종자와 거름을 부담하기 때문에 그가 땅을 빌리는 사람보다 2배를 더 가져갔다.

**바리매오름 근처의 초원지대** 중산간지대에 광활한 초원지대.(제주환경운동연합 사진)

## 4. 용(勇)·지(知)·인(仁)을 실천한 제주 해민

제주의 문화와 역사는 바다와 밀접한 연관이 있다. 제주는 육지부와 달리 지배계급 중심이 아닌 민중 지향 성향이 강했다. 아울러 생존과 생활을 위주로 문화권이 형성돼 토착성이 강하다. 제주 사람의 삶은 자립적이고 자존적이었다. 정치사적으로는 탐라국이 소멸했지만, 문화적으로는 아직도 생생히 살아있다.

　제주 사람들은 탐라 시대부터 해상활동을 했다. 제주 사람들이 해산물 채취나 판매를 위해 위험한 바다를 생활무대로 삼아 활동했던 사실은 각종 유물을 통해 확인할 수 있다. 제주 선민들은 발달한 조선술과 항해술을 이용해 바다를 개척하며 찬란한 해양문화를 일구었다. 8~9세기 이르러 탐라국은 당나라의 해외무역 상대국 가운데 뚜렷한 하나가 되었다. 이 당시 바다로 둘러싸인 섬의 특성을 생활에 잘 적용했던 제주 사람들은 중국, 인도차이나반도, 일본, 유구 열도 등은 물론 고구려와도 교역했다.

　조선의 유교 문화가 섬으로 들어오기 전까지만 해도 제주 사람의 세계적 지평은 동아시아다. 일제 강점기 제주 해녀들은 일본이나 러시아 블라디보스톡과 사할린, 중국 랴오뚱 반도까지 대거 출가하는 진취성을 보여주고 있다. 이뿐 아니라 1950~60년대 제주 해녀들은 독도까지 가서 물질하는 과감성을 보여주기도 했다.

　제주 사람들은 논농사 지대 농민처럼 기존 법칙이나 권위에 얽매이지 않았다. 편안한 현실에 안주하기보다 새로운 모험을 찾아 나서는 적극적 인간이었다. 역경을 피하지 않고 정면으로 도전하는 의지가 가득했으며 정력적이고 특히 모험심이 강하였다. 그리고 그들은 자주적이고 합리적으로 행동했다. 배타적이거나 독선적이지 않으며 융통성이 있고 개방적이었다. 아울러 이치에 맞게 생각하고 이성적 판단에 따라 소신대로 행동하는 습성을 지녔다. 당연히 그들은 성취 욕구가 강한 바닷사람이었다. 이에 더하여 개인이 책임지는 일을 좋아했으며 자신의 발전과 개선을 위해 미래를 계획하기 좋아했다.

　게다가 제주 해상(海商)들은 단순히 부를 거머쥐기만 하지 않고 나눔의 정신, 즉 리세스 오블리주를 실천했다. 실제로 여자 거상이었던 김만덕은

**탐라배 선단** 고대 탐라배 무역선단을 그린 상상도.(KBS 다큐 화면 캡처)

지식이 선비보다 못했고 체력은 남자보다 떨어졌으며 신앙심도 성직자보다 덜했지만 그녀의 리세스 오블리주(Richesse Oblige) 정신만은 지금까지 이어오고 있다. 이제 그녀의 나눔 정신은 21세기 한국의 시대정신이다. 이처럼 과거 지도층의 도덕적 책무, 즉 노블레스 오블리주만 요구되었으나 자본주의가 꽃핀 오늘날에는 리세스 오블리주, 즉 가진 자의 나눔 정신이 더욱 절실하다.

### 이동성과 신구간 풍습

제주 선민들은 오름이나 '내창'(乾川) 혹은 바다를 건너 고향 떠나 생활하는 것을 '타리거성(他離居生)혼다'라고 했다. "타리거성하면 잘살게 된다."는 말은 고향 땅에서 가난한 사람들에게 다른 지방으로 옮겨가 잘 살라는 격려의 의미이다. 이러한 타리거성의 문화야말로 제주 사람의 특성을 대표한다. 제주 사람의 이동성은 어느 면에서 "고향을 사랑 말라, 재능이 있는 인간이 사는 곳, 바로 그곳이 고향이다."라는 단테 정신과, "현자는 모든 나라에 속한다. 왜냐면 위대한 영혼의 집은 전 세계이기 때문이다."라 한 데모크리투스 정신과도 상통한다.

제주 사람은 거주공간에 대한 해방의식이 있어 전통사회에서 고향을 떠나 타리거성할 수 있었다. 바다의 유목민이라 불렸던 제주 사람들에게 집 떠난 생활은 어찌 보면 자유를 얻는 삶의 시작이었다고 할 수 있다. 제주도에는 이동과 정착을 반복하는 반유반착(反遊反着)의 생활전통이 있다. 이러한 제주 사람의 이동성은 제주에만 있는 신구간 풍습에서도 잘 드러난다. 제주도에서 다른 마을로 이사 가거나, 현 주거시설을 개보수할 경우, 대한 이후 5일에서부터 입춘 전 3일까지 8일간 내외를 신구간이라고 정하고 이 기간에만 이사나 집 보수를 해야 한다는 일종의 터부가 있다.

이 신구간에는 지상에 있던 신들이 모두 하늘로 올라가 버리기 때문에 이때 이사와 집수리를 해야 별 탈이 없다고 믿는다. 나아가 신구간에만 이사할 수 있도록 이 기간에 인간사를 관장하는 1만 8,000 신 모두가 옥황상제께 지난해의 업무보고와 새해의 업무를 받으러 승천하여 버린다는 신화도 있다. 이 신화를 근거로 이 기간에 이주하면 "어느 방향으로 가든, 또는 어떻게 집을 고치든 재앙이 없다."라고 하며 불문율처럼 신구간을 지키도록 했다.

**눈 속의 신구간 풍경** 1960~70년대 눈 쌓인 이사 풍경.(『사진으로 보는 제주역사』 사진)

    제주 지역에서 입춘은 신구간이 끝나 하늘에 일시적으로 올라갔던 1만 8천 신이 지상으로 내려와 새해 일을 시작하는 때이다. 그러기 때문에 제주에서는 양력 2월 4일경에 해당하는 입춘을 새해의 시작으로 여긴다. 이는 제주 지역이 해양성기후로 한반도 지역보다 봄이 빠르고 입춘 전후해서 고향을 떠났던 사람이나 타지 사람들이 제주에 들어와 여러모로 새 출발 하기 때문이다. 또한, 신구간 즈음의 제주 기후는 바깥 노동을 할 수 있을 정도로 상대적으로 따뜻하다. 물론 제주의 절대적 기후 측면에서는 추움과 동시에 위생적일 때다. 무엇보다 이 기간을 빼고는 제주 사람들이 산과 들과 바다 일터에서 저마다 쉴 새 없이 일해야 했기 때문에 주거지를 옮기거나 수리에 손쓸 틈이 없었다.

## 5. 남자가 바다 물질은 먼저

### 잠녀에서 해녀로

해녀라는 명칭은 『숙종실록』 55권(1714년 8월 3일)에 처음 등장한다. 경상도 암행어사 이병상이 왜관 주변의 일에 대해 논하는 서계(書啓)에 "촌가의 부녀자들과 해녀들은 생선과 채소를 가지고 와서 매일 아침 관문 밖에 저자를 벌여놓고 서로 사고팔고 있습니다."라고 기록했다. 물론 여기에 등장하는 해녀가 현재처럼 바다에서 물질했던 여인을 지칭했다고 단정할 수는 없다. 하지만, 이 밖에 조선왕조실록을 통해 해녀의 존재를 확인할 수 있다. 위백규(1791년)의 『존재전서』 중 「금당도유선기」에도 해녀가 등장한다.

그리고 잠녀(潛女)는 이건(1629년)의 『제주풍토기』에 분명히 기록돼 있다. 한편 강대원은 "해녀라는 호칭은 일본 식민 정책에 따라 도입된 개념으로 물질하던 제주 여인들을 천시하는 호칭이기 때문에 다른 용어로 바꾸어야 한다."고 강조했다. 그러나 김영돈은 "해녀라는 말은 바다에서 일하는 여인이라는 뜻으로 우리나라와 일본에서 공통으로 사용해 왔고, 일본 내에서도 해녀라는 호칭이 사용되고 있기에 일제 강점기의 식민지 정책상 제주 여

**물질하는 해녀** 1960년대 물질 사진.(고광민 소장 사진)

성들을 천시하여 해녀라고 불렀다는 주장은 이해하기 어렵다"라고 주장했다. 아무튼, 2015년 「제주특별자치도 잠수어업인 진료비 지원조례」에는 "해녀, 잠수가 혼용되어 혼란을 초래하던 명칭을 해녀들이 가장 많이 사용하고, 선호하는 '해녀'로 통일한다."라고 규정하고 있다.

17세기, 해녀의 출현은 포작인의 역사와 매우 밀접한 관련이 있다. 조선의 중앙 조정에 진상이나 왜구 침입에 대비한 수군, 즉 사공이나 격군에 포작인들이 신역으로 착출되면서 해산물 채취는 여성 전용의 작업으로 변천되었다. 이와 함께 여성이 물질에 적극 나선 이유는 해산물에 대한 외부 수요가 늘어났기 때문이다.

그 다음은 왜 미역이나 전복 등의 해산물이 제주도에서 주로 공급되었느냐는 의문이다. 그 이유는 단적으로 제주도에서는 현금으로 바꿀 수 있는 생산물이 해산물밖에 없었고, 해저까지 완만한 경사의 돌 바다를 이룬 순상 화산섬이라는 지리적 이점이 있어 해산물의 생장과 채취에 매우 유리했기 때문이다고 보는 게 맞다.

## 6. 제주 해민의 해적설

간혹 조선 시대 제주도가 해적들의 근거지였고 제주 해민이 해적이었다는 다소 황당한 주장이 보인다. 예를 들면 독일 지리학자인 라우텐자는 『KOREA』(1945년)에서 제주도를 "Ilha dos Ladrones"(해적 섬)으로 기록하고 있다. 또 『성종실록』에는 제주 사람을 '수적'(水賊)이라고 추측하는 기사도 있다. 그러나 이 기록에서 훈련원 도정 변처녕은 남해안에 살던 '두무악(한라산)' 즉 제주 사람 일부를 수적으로 의심했을 뿐으로 제주 사람 자체를 수적으로 보지 않았다고 보인다.

그런데 일본 역사학자 타카하시 기미야키는 『성종실록』에 등장한 수적을 해적으로 단정했다. 이러한 일본의 '해적(왜구)=제주 출신'이라는 역사 왜곡은 비역사적이고 반인류적이며 야만적인 행위이다. 역사적으로 봐도 제주도는 왜구 침입을 받은 지역이지 결코 왜구의 근거지인 적이 없다.

무엇보다 제주 섬에는 수십 척의 선박을 동시에 숨길 수 있는 포구가 없으며 해안 접근에 위험을 줄 만큼 해조류도 없다. 이러한 자연환경으로 인해 제주도는 왜구나 해적들의 본거지가 될 수 없다. 일반적으로 해적 세력들은 해상무역의 주요 통로로서 노획·출격·퇴피에 편리하고, 약탈물을 처분하기 쉬운 좁은 해협지대나 반도와 항만이 많은 도서군(島嶼群) 등을 거점으로 삼는다. 그러나 제주도 해안에는 이러한 조건을 갖춘 곳이 전혀 없기에 제주도를 해적의 근거지로 인식하는 자체가 잘못된 시각이다.

지형학적으로 바다로 둘러싸인 제주에는 수군절도사가 지휘하던 수영(水營)도 없었고, 외적 방어를 위한 수군 부대라 해봐야 고작 가장 낮은단계인 만호진으로 종4품의 수군만호가 있었을 뿐이다. 이처럼 조선 시대 제주도에는 왜구 침입이 잦았음에도 불구하고 왜 수군절도사가 지휘하던 수영이 없었던 걸까? 이것은 다도해나 협만(峽灣)에서 활동하기에 유리한 조선 수군의 주력함인 판옥선이 거칠고 험한 전체 해안선이 모두 외해에 그대로 노출된 제주 바깥 바다에서는 제 성능을 발휘하기 어려웠기 때문이다. 그래서 조선 조정에서는 전략적으로 제주도 해안에 수군 만호군 초계함대 수준만을 유지 시켰으며, 그 대신 환해장성과 읍성을 쌓아 제주 전역을 요새화하여 지상에서 제주도를 왜구(해적)로부터 지키도록 했다.

**포작인과 출륙 금지령**

포작인이란 처자를 데리고 배를 집으로 삼아 선단을 이루어 해산물을 채취하고 판매하며 살았던 해민을 이른다. 그들은 14~15세기까지 남해안을 따라 옮기며 생활했다. 남해안을 관리하던 지방 관리들은 그들에게 해산물을 받쳤기 때문에 처음에는 제주 포작인들을 보호했다.

그러나 제주에서 출어를 위해 섬을 떠나는 포작인 출륙이 점점 많아지자 인구 감소로 인해 조세가 줄어들고 동시에 해안 방어를 담당할 남자들이 감소하기 시작했다. 그러자 이 상황을 타개하기 위해 조정에서는 1629년(인조 7년)부터 1834년(순조 29년)까지 제주에 출륙 금지령을 내리기에 이르렀다.

제주도 인구는 1433년(세종 16년) 6만 3,474명에서 1669년(현종 11년) 4만 2,700명이었으나 1672년(현종 14년)에는 2만 9578명으로 급격히 감소했다. 이는 중앙에서 파견된 관리와 지방 토호의 이중 수탈, 왜구의 빈번한 침입이 원인이었다. 게다가 부역이 심해졌고 급기야 제주 지역에 6고역이라 부르는 목자역(말 사육)·과원역(귤 재배)·선격역(진상품 배로 운반)·답한역(관청 땅 경작)·포작역(전복 채취)·잠녀역(해조류, 패류 채취) 등이 만연한 결과로 보인다.

이처럼 제주 인구가 감소하면서 특산물 진상과 군액(軍額) 축소가 심각한 문제가 되자 1629년(인조 7년) 8월 13일 조정에서는 제주도민이 육지로 나가는 것을 금지했다. 이 출륙 금지령은 1825년(순조 25년)에 이르기까지 약 200년 동안 계속되었다. 이 와중에 인구증가에 필수적인 여자는 절대 출륙을 금지했지만 남자만은 상업 활동을 할 경우, 관청으로부터 허가증(출선기)를 받아 육지로 나갈 수 있었다. 제주 여성들이 뭍 나들이를 할 수 있게 된 것은 1876년(고종 13년) 강화도 조약이 체결되어 개항이 이루어지면서부터이다.

## 7. 동아시아 바다를 누빈 제주선(濟州船)

예전 제주 보재기(포작인)들은 파도가 사나운 제주해협에서 제주선을 이용해 한 번에 조랑말을 30마리까지 실어 운반했다고 한다. 15세기 말 최부의 『표해록』에는 43명이 동시에 제주선에 탔었다는 기록이 있다. '싸움판배' 혹은 '당도리 배'라고도 불렸던 제주선은 조선 배보다 날쌔고 일본 배보다는 견고하여 수전 시 공방(攻防)에 유리한 나무로 된 갑판선(너장배) 이다. 특히 배 맨 앞부분(이물) 상부에 두툼한 나무판인 덕판과 그 밑에 가로로 댄 통나무 보호대는 충돌 시 어떠한 배라도 침몰시킬 수 있었다.

사실 제주 섬의 역사를 연 것은 제주선이다. 제주 사람들은 15세기경 한반도, 일본 그리고 제주를 연결하는 삼각 영역에 있는 남해를 무대로

덕판배 상상도 (각ⓒ)

거침없이 활동했다. 이는 모두 제주선의 단단함 때문에 가능했다. 그래서 인접국들은 오래전부터 제주 사람이 탄 제주 배를 두려워했다고 한다. 7세기경 신라 선덕여왕 때 세워진 황룡사 9층 탑은 신라가 주변 9개 나라의 침해를 막기 위해서 세워졌는데, 그 탑의 4층은 탁라(毛羅, 탐라)가 두려워 세웠다고 하는 설이 유력하다.

## 8. 알뜨르 보재기와 웃뜨르 촌놈

1960년대까지만 해도 양반 의식에 사로잡힌 육지부사람들은 제주 섬 사람들을 '보재기'로 보았다고 한다. 제주 해민을 '보재기'라고 부르는 것은 해민을 천시하는 풍토때문이다. 정식 과거시험을 통해 관직에 나간 양반이 드물었던 제주 섬에서 해민을 천시하던 사례가 더러 있었다. 반상의 신분 계급이 의미가 없었던 제주에서 유교문화에 부화뇌동하여 양반인 체하던 중산간 마을 반농 반목민들은 해촌을 비하해 포촌이라 불렀으며 자기 마을은 양촌이라 칭했다. 이에 질세라 해안 마을 사람들은 중산간 마을 사람들을 '웃뜨르 촌놈' 혹은 '죽은(고인) 물속에 사는 '웃뜨르 멘주기(올챙이)'라고 놀렸다.

1918년 해안 신작로가 개통되면서 먼저 개화하기 시작한 해안지대를 향해 양반인 체했던 중산간 사람들이 체면 불구하고 내려왔다. 이러한 인구의 유턴 현상은 역사적으로 볼 때 제주도에서 처음 일어난 제1차 중산간 지대에서 해안지대로의 인구이동으로 소규모 자율적 이동이었다고 여겨진다. 반면, 1948년 '제주 4·3'에 기인한 제2차, 이산 향해(離山向海) 이동은 대규모이며 강제적 이동으로 보인다. 즉, 1948년 11월부터 1949

**일제강점기 신작로 노선도** (각ⓒ)

년 2월까지 군·경 토벌대가 해안으로부터 5km 이상 떨어진 중산간 마을을 주민과 무장대와의 내통을 막겠다는 명문으로 160여 개 마을을 초토화하자 어쩔 수 없이 5~6만여 명이 해안마을로 피신했다. 이렇게 중산간 양촌 사람들이 해안마을로 대거 내려오자 이번에는 해안마을 사람들이 중산간 사람들을 '웃뜨르 촌놈' 혹은 '웃뜨르 테우리(마소를 모는 목자)'라 하며 천시하기도 했다.

그때까지 중산간 마을은 빈번했던 왜구 침입이 두려워 '바다에 가까이 살지 말라'는 입지 원칙에 따라 형성된 촌락으로 1970년대까지도 단오나 한식 명절을 지낸 보수적 유교 문화지대였다. 그만큼 새로운 문화를 받아들이는 데 소극적이었다. 그러나 해안마을은 바다를 무대로 생활하며 왜구를 피하기보다는 항상 맞싸울 의지를 갖고 있었던 포작인들의 거주지였으며 생업과 관련된 용왕 해신이 수호하는 무속신앙 문화지대이자 여성 문화지대였다.

전통사회에서 해민마을과 중산간 마을 간에는 혼인을 안 할 정도로 이질적 요소가 많다. 이러한 문화적 이질감은 해민과 용왕 해신당이 많은 여성적 무교 문화지대 동촌(구좌, 성산, 표선)과 농목민과 본향당이 많은 남성적 유교·무교 문화지대 서촌(애월, 한림, 한경)과의 관계에서도 나타났다.

바다를 밭으로 삼고 배를 집으로 삼아 활동했던 제주의 포작인들은 섬 안에서는 양반 촌이라 불리던 양촌의 괄시에 시달리고 섬 밖에서는 왜구의 침입과 출어지역 주민에게 착취당하면서도 이에 굴하지 않고 살아왔다.

### 평등한 제주 사회

19세기에서 20세기 초 제주 지역 호적 중초('戶籍中草' 혹은 '戶籍重草', 호적대장을 작성하는 과정에서 초초(初草) 다음의 중간적인 과정, 호적중초는 마을 또는 면 단위로 작성되었으며 각 기관에 보관하면서 모든 업무에 참고하였음.)에는 양반과 상민이 존재했다. 하지만 양반과 천민으로 나누는 법제적 신분에 있어 천(賤)에 해당하는 노비 기록은 드물다. 이는 곧 제주 사회가 평등했음을 의미한다.

사실 제주에는 양반이라 해봐야 고작 향교 관련이거나 생애 말년 만학으로 혹은 다른 지방과 마찬가지로 사후에 후손들이 향교에 돈을 내어 직함을 사거나 사후 관직을 올려 준 일부에 불과했고 그들은 육지부의 양반과 달리 상민과 같이 육체적 노동을 했었다. 이처럼 제주 섬은 중산층이 지배한 사회였지만 사회·경제적 지위가 중간층인 사람들을 지주계급이나 유산계급에 포함할 수 없기에 평민사회라고 말할 수 있다.

소수의 양반 지주와 절대다수의 상민과 무산자가 있던 육지부에서는 혈통에 의한 귀속적 신분과 경제적 계급이 뚜렷이 존재했다. 물론 계급은 겉으로는 부를 축적하면 오를 수 있는 사회적 성취 지위지만 실상은 양반 지주들의 상업 활동 억제, 계급적 착취 등으로 인해 신분 상승이 거의 불가능했다.

### 배분적 정의와 해녀

일반적으로 배분적 정의는 개인의 가치와 능력에 따라 차등 분배가 되어야 함을 의미한다. 권위적 사회에서는 실현되기 어렵지만 제주 해녀의 나잠 어로에는 배분적 정의가 적용된다. 예를 들어 해녀 사회가 상군, 중군, 하군으로 나누는 것은 나이나 경력, 연공서열, 가문 등에 의하지 않고 오로지 실력에 따라 구분된다. 따라서 실력자로 인정받는 상군이라도 나이가 들면 하군으로 내려올 수 있고 나이가 많지 않아도 능력만 있으면 충분히 상군이 된다. 반대로 아무리 기력이 좋은 젊은 해녀라도 실력이 없으면 평생 하군에 머물러야 했다.

그래서 "나 하뎅 우이 앉곡, 나 족뎅 아래 앉으랴(나이 많다고 해서 윗자리에 앉고 나이 적다고 해서 아래 앉느냐)"라는 속담이 전해진다. 상군이 되면 잠시 몸을 녹이려 물 밖으로 나와 '불턱'에 앉을 때 상석에 앉을 수 있으며 불을 쬐면서 어로작업을 총괄한다. 그리고 집단 내에서 회의 때 상충 되는 상황에서는 상군이 결정권을 가진다.

### 불턱 민주주의

불턱은 해녀가 옷을 갈아입거나 물질을 마치고 뭍으로 돌아와 언 몸을 녹이려고 불을 쬐는 곳이다. 불턱은 물질을 배우는 학교면서 동네 소식이 모이는 사랑방이다. 불턱에 모여 그날 파도와 조류 상태가 어떤지, 최근 수온에 따라 바다생물의 생장(生長)은 어떤지, 오늘은 어디서 바다에 들어가 어디로 나올 것인지, 얼마나 멀리까지 갈 건지 등을 바다에 들어가기 전에 모여 의논하여 결정한다. 이른바 '불턱 민주주의'라고 한다.

해녀들은 바다에 들어가기 전 혹은 쉬는 시간에 불턱에 모여 이야기 나눈다. 불턱에서는 대부분 세상 사는 이야기를 하지만 정작은 물질 옷

**해녀 불턱** 1960년대 해녀 불턱.(현용준 사진)

을 입고 벗는 곳이며 내려간 체온을 올리는 장소이다. 이외에도 그날 물질에 관한 다양한 정보를 전달하고 교환한다. 이때 상군 영향력이 크기는 하지만 물질 범위를 정할 때는 가장 약자인 하군을 기준으로 정한다.

### 제주는 실력사회

해민 사회는 기회 균등한 조건에서 경쟁 원리가 적용되는 실력사회이다. 제주 사람들의 경쟁은 갈등 없는 경쟁, 친화 속의 경쟁을 의미한다. 이러한 경쟁은 연대의 원리와 조화를 이루는데, 이는 '대동'이라는 이념이 전제된다. 제주문화 속 경쟁과 연대의 원리는 바다 생활자들에게서 나오는 정신문화로 제주적이면서 세계적이라 할 수 있다.

제주가 실력사회로 가게 된 이유는 각성바지가 모여 사는 혼성 취락이 지연 사회를 이루어 온 것과 관련 있다. 이 촌락에서는 동족 취락처럼 혈연기반 위계적이고 수직적 질서보다는 지연에 근거한 수평적 관계가 중시되었다. 즉, 제주도처럼 척박한 환경에서는 동족 취락 논농사 지대에서 요구되는 혈(血)과 정(情)의 의리 보다 '능(能)의 합리'를 우선했다.

절대적으로 빈곤했던 제주에서는 성씨를 불문하고 능력 있는 실력자를 갈구해 온 전통이 있다. 풍요로움이 갖추어진 곳에서는 아무나가 지도자이어도 먹고사는 데 큰 지장이 없었지만 빈곤하고 강렬하게 미래를 지향하는 지역에서는 그렇지 않았기 때문이다.

제주 사람들은 어떤 상황에서도 자립하여 살아갈 용기가 있는 존재였다. 그리고 제주 사람들의 가슴 속에는 대동주의와 업적주의라는 두 가지 혼이 늘 살아있다. 그래서 제주 사람들은 "우리는 가장 우수한 자에게 승리를 얻게 해야 한다"라는 신념을 지켜왔다고 보아 진다.

## 9. 도덕군자와 양상군자

제주 섬에 도둑이 없음을 뜻하는 도무 문화는 자연 발생적으로 등장했다. 『예기』 방기 편에서 공자는 "소인은 가난하면 뜻이 구차해지고, 구차해지면 도둑이 된다."라고 말했다.

만일 제주 섬에 도둑이 없다면 공자의 말대로 제주 사람들 모두가 소인 아닌 군자였거나 아니면 부유했거나 둘 중 하나에서 찾을 수 있다. 누구도 제주 사람들이 부자였다고 보지 않는다. 그렇다면 비록 제주 사람들은 비록 가난했지만 구차한 삶을 살지 않았다. 즉, 가난하여 헐벗기는 했지만 자존감과 공동체의 신뢰를 중요시한 결과로 도둑질하지 않았던 것으로 보인다. 제주에는 중산간 지대에 한전(농사짓지 않는 땅)이나 개간 가능한 넓은 용암 평원이 있었고 그 용암 평원이 바다 멀리까지 완경사를 이루면서 뻗어 내렸으며 물질하기 쉬운 옥빛 투명한 돌 바다가 있다. 여기에 해조류와 어패류가 풍부한 공동어장이 형성되어 있다. 제약 없이 공동소유인 산과 들, 바다에서 획득할 수 있는 자유를 갖고 있었다. 이로 인해 제주 섬은 기회와 도전의 땅이 되었다.

제주도에 도둑이 없는 이유는 제주도가 대가족제가 아닌 부부 중심 가족제 즉, 개체주의 사상과도 관련 있다. 호프슈테더가 말한 것처럼 개체를 중심으로 하는 사회는 대가족주의에서 볼 수 있는 수치감의 문화와 다른 죄책감의 문화가 있기 때문에 도둑이 존재할 수 없다. 부부 중심 핵가족 사회에서는 남의 물건을 훔치는 도둑이 발생하기 힘들다.

### 캐왓 공동체와 걸무(乞無)

'캐왓'과 같은 공동 공유지가 드넓은 제주에서는 누구나 임야 개간을 통해 자기 소유의 농경지를 마련할 수 있었다. 해발 200m 이상에는 마을 주민 대부분의 협약 아래 공동소유로 관리 운영하던 '케왓'이라는 대단위 밭이 있었다. 케왓을 같이 이용하며 형성된 공동체에는 '접장'이라는 어른이 있어 업무를 통괄하고, 그 밑에 '츠지'라는 보좌역이 있었다. 캐왓 운영은 약 2만 평 단위로 공동작업을 통해 울타리 돌담을 둘러친 다음 불을 넣고 정지 작업을 했다. 캐왓을 약 200평 단위(한직)로 나눈 다음 간단한 표식으로 경계를 만들었으며 능력만큼 나누어 잡곡을 재배했다. 여기서 나눈다는 말은 배타적 소유권의 의미가 아니고 단지 각자 노동량을 정한다는 의미였다.

유럽의 중세 삼포식 농업과 비슷한 캐왓은 개간 후 2~3년간 경작하다 보면 자연스럽게 새(띠)가 자라서 새밭(茅田)이 되고 그러면 지력 회복과 지붕 재료인 새를 쉽게 얻기 위해 8년여 동안 그대로 놔둔다. 새는 5년쯤 되면 길이가 긴 양질(1m 20cm)이 되지만 그 후 점차 키 작아져 '각단'(60cm 내외)이 되는데 그렇게 되면 다시 개간해야 한다. 전통사회에서 안팎 거리 두 채 민가의 지붕을 덮으려면 약 700평 내외의 새를 생산하는 새 밭이 필요했다.

사지가 멀쩡한 사람은 비록 농토가 없더라도 무주공유인 산과 바다에서 연명할 수 있는 길을 얼마든지 찾을 수 있었기 때문에 빌어먹을 걸심이 나타날 수 없어 '걸무의 섬'이 되었다. 제주 사람들은 가난하지만 자기 소유의 자산이 다소나마 있기에 자족적 삶을 살 수 있었다.

**받은 부조는 반드시 갚아야**

혼성 취락의 문화를 이루며 살아온 제주 사람들은 누구나 자기 소유경지가 있는 자작농이었기 때문에 다른 사람에게 쉽게 예속하거나 의지하지 않고 자신의 목소리를 분명하게 내면서 개인 책무를 다했다. 굿 구경 갈 때도 맨손으로 가지 않고 병에 술이라도 담고 가서 부조했다. 제사 후 아이들을 시켜 이웃에게 떡 반 돌릴 때 떡 반을 받은 집에서는 그에 응하여 먹을 거나 돈을 주면서 주고받는 '우커니 대커니' 정신을 실천했다.

제주도에는 "공짜 먹젱허당 가냐귀 알아구리 털어진다(공짜 먹으려다 가마귀 아래턱 떨어진다)", "산 때 안 문 빚 죽엉 강도 물어사 혼다(살아 있을 때 진 빚, 죽고 나서도 갚아야 한다)", "나 거 어성 놈이 거 먹으민 빙 엇인 장석혼다(내 것 없어 남의 것 공짜로 먹고 나면 병 없어도 신음한다)"라는 속담이 있다. 공짜 좋아하지 말고, 받기만 하지 말라는 의미이다. 제주 사람들은 나이 들어 죽을 때가 되면 전에 부조를 받았으나 미처 답 부조하지 못한 집에 전에 받았던 부조금을 돌려주는 것을 미덕으로 삼았다.

## 10. 각설이 타령을 모르는 제주 사람

제주 사람들은 '육짓 것' 혹은 '밖의 것'이라 하여 외지인들을 기피 하거나 그들과 관계 맺기를 꺼리는 경우가 없지 않았다. 그래서 제주 사람들이 외지인 혐오증이 있다는 오해를 받았다. 이는 격동기의 각종 사건, 특히 '제주 4·3'과 관계가 깊다. 석주명은 육지에서 빌어먹지 못해 제주에 들어온 거지(제주에서는 '동녕바치' 혹은 '걸바시', '게와시'라 함)들의 민폐 때문에 생겨난 현상이라 주장했다. 계절과 해에 따라 내도하는 남해안 도서지방의 사지 멀쩡한 사람들이 구걸만이 아니라 도둑 행각까지 벌여 심한 민폐를 끼쳤던 사례가 있다.

전통사회 육지부 논농사 지대에서는 각설이 타령(품바)을 부르며 빌어

먹는 걸인들이 마을 인구 중 약 5~10%나 되었다. 남부여대(男負女戴) 즉, 남자 거지는 등에 지고 여자 거지는 머리에 이어 마을과 마을을 떼거리로 돌아다녔다. 철새처럼 계절 따라(겨울은 남부로, 여름은 북부로 이동) 수백 리 이동하는 구걸 유목민들도 많았다. 그러나 제주 섬에는 내일이 없이 그날그날 살아가는 '오늘 주의'는 있을 수 없다.

### 관혼상제와 도감

제주도에는 관혼상제 비용이 많이 든다. 제사 참여 범위가 궨당 문화권인 제주는 부계친 더하여 모계친, 처족, 여기에 이웃까지 제사에 참여하기 때문이다. 장례 역시 마을 장으로 비용이 많이 든다. 물론 부조체계가 잘 발달한 제주 섬이라 비용이 그리 문제 되지는 않았다. 그러나 이런 애경사 규모 때문에 제주에서는 도감을 따로 두어 물자를 철저히 관리했다. 대소사 시 돼지고기와 순대를 전문적으로 썰어 내치던 도감을 요즈음은 여자들이 맡지만, 전통사회에서는 아주 사납기로 유명한 남자를 골라 맡겼다.

도감(都監)은 삶은 돼지고기의 총량을 계산하고 대접할 예상 손님에 맞추어 부족하지 않도록 책임져 정확히 썰어내어야 했다. 도감 위세가 워낙 등등했기 때문에 "낭 깨는 옆이 가민 눈이나 찔르곡, 도감소 옆이 가민 고기가 석 점이다"라는 속담이 생기기도 했다. 한반도 남부에서는 나이 드신 여자가 제주도 도감에 해당하는 과방을 맡아 했다.

제주에는 "동넷집 식께 넘어 나민 사을 불 아니 숨나(동네 집 제사 지내 나면 사흘 동안 밥 안 해도 된다)"라는 속담이 있다. 제주 사람들은 제사 때 풍성하나 사치스럽지 않은 성찬을 마련하여 이웃과 나눠 먹는 문화가 있다. 제사의 제주어인 '식게'는 '식회(食會)'의 의미이다. 제주에서

**도감** (『1975년 제주도 선흘리 가문잔치·혼례 재현』 사진)

는 '멩질 먹으러 간다.', '식게 먹으러 간다.', '잔치 먹으러 간다.'라 한다. 제주도에서는 제사나 잔치를 단순히 보러 가는 것이 아니라 먹으러 갔다는 표현을 썼다. 길 가다가 마주친 사람이 어디 가느냐고 물으면 구체적으로 대사 내용을 말하지 않고 그냥 '어디 먹을 일 있어 간다.'라고 대답한다.

## 11. 전국 유일의 궨당문화

제주 섬에만 있는 '궨당'의 행동 범위는 부계친 친척 모두와 모계와 처계의 양계 친족 모두를 포함한다. 호칭도 남녀 모두에 적용되어 연령과 지위, 촌수와 관계없이 그냥 '궨당님' 하면 된다. 제주도에서 초상이 나면 가까운 궨당에 포함된 모계친과 처계친이 조문과 부조를 의무적으로 한다.

궨당이 서로 돌아보는 집단이라고 한다면 무엇을 어떻게 돌아본다는 말인가? 이를 위해서는 제주도만이 갖는 '고적'이라는 부조 문화를 이해해야 한다. 고적은 초상 때만 서로 같은 금액을 의무적으로 부조하는 친가 8촌과 고종·외종 4촌, 이종사촌 이내의 친·외척끼리 떡이나 쌀 등으로 부조하는 것을 말한다. 따라서 궨당은 장례 때 소요되는 물적 인적 부담을 덜기 위한 상, 장례의 부조 집단으로 소수 지속 관계의 기능집단이다. 나를 기준으로 외척과 처족까지 포함하는 궨당은 부계친만 부조 집단으로 하는 육지부 족당의 부조체계와 다르다.

그러면 왜, 제주 사회에만 궨당 문화가 존재하는가? 그 이유는 제주도가 혼성 취락 문화가 있어 동네 사돈을 해왔기 때문이다.

제주도 궨당 문화는 나로부터 시작되는 나 중심 문화로 나 없는 궨당은 아예 존재할 수 없다. 궨당 문화는 육지부 동족 취락(반촌)에서 100리 밖 집안끼리 맺어진 혼반(양반층에서 혼인을 매개로 형성된 사회적 관계)들의 가문 중심주의와는 다르다. 그리고 궨당 문화를 이해하기 위해 수눌음을 알아야 한다. 궨당 문화를 지탱해온 것이 수눌음이기 때문이다. 궨당 문화 역시 수눌음처럼 궨당들 간에 같은 부조를 주고받는 것을 원칙으로 한다.

**궨당** 상장례는 궨당의 존재감을 확인하는 통과의례였다.(『사진으로 엮는 20세기 제주시』 사진)

## 12. 뜬땅과 단자우대 균분상속제(均分相續制)

　제주 섬에는 "큰 쇠 큰 쇠 허명 촐은 아니 주곡, 일만 허랭햄쪄(큰 소 큰 소 하면서 꼴은 안주고 일만 하라고 한다)"라는 말이 있다. "맏자식, 맏자식 하면서 응당한 대우는 안 해주고 집안의 모든 일을 처리하라"라는 뜻이다. 물론 집안 대표로서 일을 많이 보아야 하는 장남에게 일의 비용을

제3장 도무(盜無)·걸무(乞無)의 섬　115

보태라는 의미에서 덤으로 더 주는 제월전이 있기는 해도 육지부의 장남 우대 상속제와 비길 바 못 된다. '형은 나누는 권리, 동생들은 고르는 권리'라는 말에서 보듯 형이라고 해도 실리 없는 권리만 주어졌을 뿐이다. 제월전(제사에 필요한 경비 마련을 위해 상속받는 토지)은 관리권만을 갖는 것으로 사실상 공유재산이나 마찬가지였다.

제주도에서 분가하면서 토지는 물론 제사도 형제간에 윤제(제사를 자식들이 돌아가면서 모시기) 하거나 분제(제사 나누기, 분짓거리) 하는 단자우대 균분상속제가 주류문화권에서 일반화되었다. 그러나 제주도 남동부 흑색 화산회토 지대에는 장남 중심 차등 상속제가 나타난다.

단자우대 균분상속제는 분산된 경지를 경영하는 과정에서 나타난 상속제이다. 이것은 자식들에게 재산을 골고루 나누어주지만 모든 토지를 상속해 버리지 않고, '거리왓'이라 부르는 동네 가까운 일부 밭은 부모가 갖고 멀리 떨어진 '난밭'이라 하는 밭들은 자식들에게 상속해 준다. 이때 부모가 모든 밭을 상속해 주지 않고 일부 남기는 이유는 부모 자신이 죽을 때까지 자식들에 손 벌리지 않고 자존적으로 살아가기 위해서이다.

장남이 결혼하면 당연히 부모와 동거하면서 가정을 꾸리는 육지부와 달리 제주에서는 자식이 부모와 따로 나가 산다. 경지가 분리되어 있어 따로 농사짓는 것이 합리적이기 때문이다. 그래서 자식들이 분가해도 부모는 스스로 농사지을 땅을 소유할 수밖에 없다. 이런 제주의 상속제는 분제와 윤제 문화를 낳았다. 분제의 경우 장남은 아버지 제사를, 차남은 어머니나 할머니 제사를 맡았다. 윤제는 정월 명절과 추석 명절을 돌아가면서 지낸다. 이때 아버지 제사는 은거전(隱居田)이나 위토(位土, 제월전)와 함께 일반적으로 장남에게 주지만 반드시 그렇지는 않고 차남 이하 아들 중에 상속된다.

**노인 농사** 90세가 넘은 노인이 자신의 텃밭에서 일하는 모습은 제주에서는 당연하며 흔한 일이었다. (제이누리 사진)

제주도에는 '몫을 나눈다.'라는 뜻으로 '분직 하다', '직 가른다'라는 말 외에 '분가한다', '솥 가른다'라는 말이 있다. 이 말은 부모 형제 서로 간 모두에 적용되는 말로 주거와 가계를 서로 분리하여 생활함을 의미한다. '분직' 혹은 '직갈름', '솥가름'은 형제간에 재산을 나누는 분재의 의미를 갖기도 하지만 직갈름은 그에 더하여 당연히 고르게 나누어 받는 몫으로 앞으로는 너 혼자 알아서 살아라, 라는 뉘앙스를 갖는다.

'짓갈름'은 그야말로 생이별을 선언하는, 어쩌면 가혹한 제주도형 출가 의례였다. 그것은 미친 듯 휘몰아치는 비바람 속에서 부모와 동기간 인연 을 끊고 나 홀로 태평양을 바라보며 외롭지만 의연하게 서 있는 서귀포 해변의 외돌괴처럼 개체적 삶을 살기 시작하여야 한다는 의미다.

**죽을 때까지 일했던 제주 사람**

제주에서는 친자 간 분직 할 때 모든 재산을 자식들에게 상속하지 않는다. 부모세대는 노동할 수 있을 때까지 경작 관리할 재산으로 밭은 남겨 자력에 의해 생계를 유지하며 죽을 때까지도 일을 놓지 않았다. 죽을 때까지 갖고 있던 밭은 자기 마음에 든 자식에게 주는데 대체로 막내가 받는다. 막내는 부모의 말년까지 부모와 동거했던 자식이기 때문이다. 그래서 제주에는 "막둥이 부모 직혼다(막둥이 부모 모신다)"의 속담이 나왔다.

제주의 노인들은 죽을 때까지 일하며 살았기 때문에 대부분 '무위고'(할 일이 없음), '빈한고'(경제적 어려움), '병약고'를 경험하는 경우가 적다. 제주의 노인들은 "낭도 늙으민 놀던 생이도 아니 온다.(나무도 늙으면 놀던 새도 아니 온다)"라는 선현의 남긴 말을 기억한다. 그들은 노후의 부자간 갈등과 고독을 일찍부터 깨달았다. 그들은 자신이 행복하기 위해 자녀들의 생활과 일정한 거리를 두고 손자 손녀에게 지나치게 빠지지 않으며 노후와 죽음을 준비하고 특히 가족이나 사회에 부담을 주지 않으려 노력했다.

**제주 해녀의 할망 바당**

럭비 용어인 노사이드 게임은 공정한 룰 아래 승리를 위해 몸과 몸을 격렬하게 부딪치면서 게임을 하였어도 일단 경기가 끝나 승패가 가려지면, 심판이 노사이드 선언을 하여 양쪽 모두 승자라고 격려하는 것을 의미한다. 해녀들의 나눔 문화인 '게석'도 노사이드 게임의 일종이다. 게석 이란 동료 간 혹은 모녀간 물질을 한 후 상대방의 해산물 채취량이 아주 적을 경우, 많이 채취한 해녀가 일부 나누어주는 행위를 말한다.

물질할 때는 모녀간이라도 경쟁 관계여서 노련한 어머니는 물건(해물)이 많이 나는 곳을 딸에게조차 가르쳐 주지 않는다. 그러나 뭍으로 나올 때 딸의 망사리가 모자라면 어머니 해녀는 거기에 미역이나 전복 등을 몇 개 보태 준다.

　제주 해녀들의 '게석' 문화는 '학교 바당' 혹은 '기성회 바당'을 탄생시켰다. 해녀들은 힘들게 물질해서 모은 돈으로 초등학교 및 마을 공동 시설을 세우는 데 혁혁한 공을 세우기도 했다. 학교 육성 자금을 마련하기 위해 해녀들은 마을 공동어장 한 구역을 떼어내 '학교 바당'을 만들었다.

**할망 바당** 수심 10m 미만의 얕은 바다를 이른다. (자료:KCTV 제주방송 수중기획 '할망바당' 화면 캡처)

**해녀 할망**(『사진으로 보는 제주역사』 사진)

여기에서 나오는 미역 판매금액을 학교 교실 건립에 기부했다.

마라도에는 약 500m의 폭을 갖는 '반장 바당'이 있었다. 마라도 해녀들은 자신들을 위해 심부름하는 반장의 급료 마련을 위해 공동어장 일부를 할애하여 반장 바당을 만들었다. 구좌읍 해안마을에는 작업 능력이 떨어진 늙은 해녀가 쉽게 물질할 수 있도록 배려하는 '할망 바당'이 있었다. 이곳은 환갑을 넘긴 해녀들의 전용어장이었다. 이러한 할망 바당이라 해서 할머니만 물질하는 것은 아니고 생계가 어려운 병약자와 독신 총각까지도 물질할 수 있게 배려한다.

### 집도 따로따로

제주도민들은 주거 생활면에서 외형상 직계동거가족 형태를 보였다. 그러나 "애비 아덜 간 범벅도 그릇 긋엉 먹으라(아버지와 아들 간이라도 범벅을 먹을 때는 다툼이 생길 수 있으니 선을 미리 그어 놓고 자기 몫씩만 먹으라는 뜻)", "불턱이 지만씩이라야 살아진다(부엌을 고부간에 따로 두어 사용해야 갈등 없이 살게 된다)." 그리고 "아덜은 대학가민 4촌, 장가가민 8촌, 아기나민 사돈님(아들은 대학교 진학하면 4촌, 장가가면 8촌, 아기나면 사돈님이다.)"이라는 말처럼 부자간에도 경제생활이 엄격히 분리되어 수평적인 부부 중심 가족제가 진행되었다.

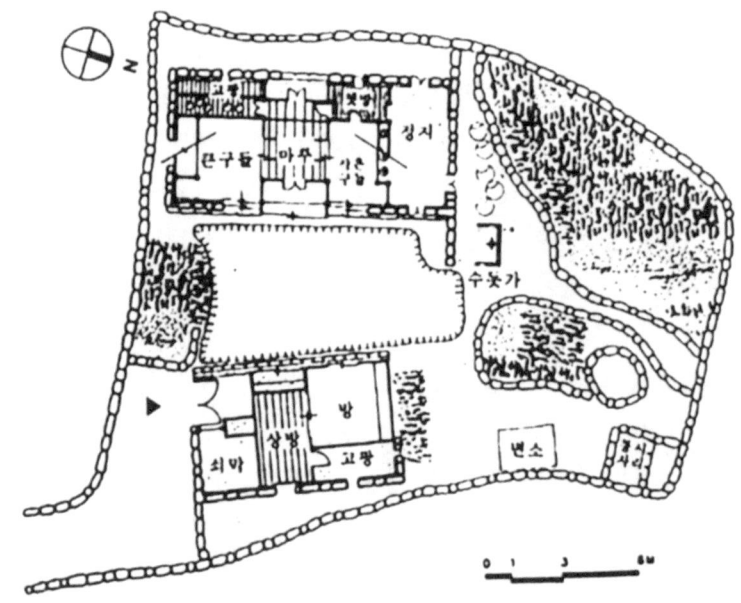

**귀덕리 1206번지의 가옥 배치** (자료: 제주의 마을공간조사보고서, 2000)

 이와 함께 흩어져 있는 경지를 경작해야 하는 제주도 상황에서 대가족제를 이루어 장남이 주도하는 공동노동의 가정경영은 비합리적이었다. 공간 이동 거리를 최소화하는 합리적 농업경영은 세대 간 혹은 형제간 경지를 나누어 분담 경작, 즉 개별노동을 하는 것이 효율적이다.
 부자간의 엄격한 '따로따로' 정신은 서로 의타적이 되는 것을 막기 위한 하나의 합리적 체제이다. "쉐뿔도 각각, 직시도 각각(소뿔도 각각, 몫도 각각)"이라는 속담에서 보듯이 제주 일상에서는 모든 것이 제각각이다.
 제주도의 부자간 '따로따로 정신'은 가옥 배치에도 반영되어 특히 남향지향의 가옥을 지을 수 있는 산남 지방 민가들은 二자형 배치일 경우 안채와 바깥채가 마주 보지 않고 서로 등 돌려 앉힌다. 이러한 가옥 배치 구조는 같은 다동 분립형 가옥 배치인 중국이나 한국은 물론 주거 기능이 한 채에 집중되는 단동 일체형 일본식 주가에서도 볼 수 없는 제주도만 갖는 독특한 배치 양식이다. 이는 오늘날 한국이나 서양에 나타나고 있는 한마당 다세대 집, 한 지붕 다가구 집 혹은 듀플렉스형 집에 해당한다.

　이런 현상은 공용성이 강한 측간과 장독 배치에도 나타난다. 한 울타리 내에 살지만, 측간과 장독을 따로 두어 한 집에 두 개 측간과 두 개 장독대가 있다. 제주 사람들은 아버지 보호가 필요할 때까지만 의지하고 결혼하여 분가한 후 부모 보호받을 필요가 없어지면 부자간 결합을 자연스럽게 푼다. 그리하여 아버지는 아들에게 명령 내릴 필요가 없으며 아버지도 아들에게 보살펴 달라 요청하지도 않는다. 서로 동등한 독립체일 뿐이다. 단, 병환 등 긴급사항이나 밭 갈기를 해야 할 경우는 예외다.

　제주도에서는 분가하면 부모와 자식 간, 형제자매 간에도 전답을 사고팔지 그냥 공짜로 주고받지 않는다. 그래서 제주 사람들은 형제간에도 부자간에서처럼 서로 돕는 상보 관계를 유지하며 "에에! 성제가 하영 이서도 위세뿐이라! 다 질루지만썩 살아야메!(아니! 아니! 형제가 많아도 허세뿐이라!, 다 각자 자기 책임만큼씩 살아가야 한다!)" 혹은 혈연관계로 맺어지는 친인척의 정리가 두텁지 못하다는 뜻으로 쓰이는 "에! 에! 궨당(또는 성제)은 옷 우의 ᄇᆞ룸이라"(궨당 간 또는 형제간은 부부간이나 부자간같이 정이 깊지 않다는 뜻)"라는 말을 가슴에 새기며 생활했다.

　한 울타리 안에서 부자 가족 간에 분가가 되면, 식량을 보관하는 고팡, 장 담그기와 '장팡뒤'(장독대) 소유는 물론이고 퇴비를 생산하고 주요 부수입원이 되었던 통시(측간)까지도 분리해 관리하는 경우가 드물지 않다. 이러한 현상들은 제주 사람들이 얼마나 개체성이 강한가를 그대로 보여주는 사례이다. 특히 '질루지만썩'이란 말은 남에게 의존 말고 홀로서기

해야 한다는 메시지가 들어있다.

### 합리적 겹부조 문화

겹부조도 수눌음의 한 형태이기 때문에 정당하고 합리적 문화라 할 수 있다. 이것은 상, 장례 때 부끼리, 처끼리 하는 안팎 부조 혹은 당해 형제 모두에게 부조하는 계접 부조를 포함한다. 겹 부조는 자립성이 강한 여성 문화와 함께 홀로서기 문화, 제주에만 있는 궨당 문화와 관련된다. 겹 부조는 육지부처럼 집안 대 집안이 아니라 개인 대 개인 간에 이루어져 개인 부조라고 한다. 혼성 취락이 발달하고, 균분상속제에 따른 상, 장례비용을 공동 부담하는 제주도에서는 집안 대사 치를 때 당연히 개인들 간 서로 묶인된 계약으로 부조를 하게 마련이다.

예를 들어 제주도 마을의 한 집에서 어머니가 돌아가시면 마을 사람들은 남겨진 아버지에게도 부조하고, 분가하여 다른 마을에 살다가 온 큰아들에게도, 둘째 아들에게도, 또 딸들에게도 부조하고 같이 사는 막내아들에게도 부조한다. 이러한 제주의 겹부조는 부조금 지출이 많아 폐습이라는 지적이 있다. 그러나 부조금을 지출한 사람이 수눌음 정신 즉 '우커니 대커니' 하는 제주정신에 의해 언젠가는 자신도 그만큼 주고받는다면 그리 문제 삼지 않아도 된다.

제주에 개인 부조 문화가 있을 수밖에 없는 것은 제주 사회가 혼성 취락으로 부조를 주고받는 형제들이 모두 한 마을에 거주하고 있지 않아서 자신이 부조한 만큼 부조금을 다시 받을 수 없는 상황이기 때문이다. 아울러 장례 시 상주가 여럿일 경우 일부 상주가 같은 마을에 살지 않고 멀리 떨어진 다른 마을에 살면 그에게 부조할 기회가 적기 때문에 기회가 생겼을 때 겹 부조를 해둬야 했다.

### 타리거성(他離居生)의 산물, 모둠 벌초

모둠 벌초는 일정한 날에 전도에 흩어져 사는 친족들이 모여 소분 하는 것으로 문중 벌초에 해당한다. 제주도는 개척 가능한 토지가 널리 분포하여 가족 분가 이동이 쉽게 이루어진 탓에, 혈족들이 한동네가 아니라 여기저기 분산 거주하게 됨에 따라 모둠 벌초 문화가 나타났다. 미리 날짜를 정해 놓고 하는 벌초는 통신 수단이 여의치 못한 상황이 반영됐다. 벌초 날짜는 풀이 더 이상 자라지 않는다는 백중 이후 기억하기 쉬운 음력 8월의 초하루가 일반적이다. "백중(음력 7월 15일)이 지나면 검질(잡초)

모둠 벌초.('제주의 독특한 벌초문화! 모둠벌초를 하다' 유튜브 폭낭TV 화면 캡처.)

도 울며 돌아간다." 속담처럼 백중 이후는 풀들이 그 이상 자라지 많아 모둠 벌초 시기로 적절했다. 근년에는 음력 8월 초하루 전후 혹은 추석 전후 특정한 일요일을 택하기도 한다.

**물싸움과 답하니**

조선 시대 한반도 남부 논농사 지역에서 논이 흩어져 있으면 온갖 수단을 동원해 한데 모아 붙이려 했다. 권력적 토지 소유 농장제가 존재했던 조선 시대 사대부 양반들은 토지를 다른 씨족에게 팔지 말도록 금기했을 뿐만 아니라 권세를 이용하여 약자의 토지를 탈취하거나 강제 매입하였다. 양반들의 토지 겸병 즉, 광점(廣占, 권력가들의 무분별한 토지 매입)은 결국 양반 서로 간에 땅 따먹기에 열을 올렸고 파쟁으로 진전하여 사화를 유발했다.

논농사는 경지가 띄엄띄엄 있지 않고 한데 모여 있어야 물 대기가 효율적이다. 한국에는 '내 논에 물 대기'라는 말 외에 '물꼬 싸움', '삽자루 싸움'이란 말이 있고, "세상에서 가장 보기 좋은 것은 내 논에 물들어가는 모습과 내 자식 입에 밥 들어가는 모습"이라는 속담이 있다. 동족 취락에는 집에서 농경지까지 도보 소요 시간이 몇십 분 정도로 그야말로 문전옥답이다.

물꼬 싸움은 평지에 물이 고이도록 만든 제언(물을 막은 둑)에 의존하는 평지 답(평지 논)에서 더 치열했다. 이 물싸움에서 이겨야만 했고 이것이 오직 부계 혈연집단으로서의 동족 취락을 형성한 가장 큰 요인이다.

제주도에도 일부 논농사가 이루어져 물 대기 작업을 했던 사례가 있지만, 육지부와는 전혀 다른 논물 관리 문화를 갖는다. 제주에서의 논에 물 대기는 혼성 취락이기 때문에 촌수·항렬에 따라 이루어 질 수 없으며 민주적 절차에 의해 관리된다. 논을 가진 농가가 모여 답회(畓會)를 조직하고 여기서 감관을 선출했다. 이 감관은 다시 논물을 직접 관리하는 '답하니'를 임명하여 물꼬를 막고 트고 했다. 논 주인은 개인적으로 물을 대거나 뺄 수 없었다.

### 빨리빨리 증후군

한국인의 빨리빨리 증후군의 원인은 연례적으로 있었던 외우내란이라는 역사적 원인도 있지만, 보다 근본적으로는 구릉성 산지에 형성된 천정천(하천 바닥이 주변 평지보다 높아진 하천)을 끼고, 한시적으로 쏟아지는 강우 형태와 관련이 깊다.

일 년 내내 마르지 않고 흐르는 오아시스 하천 성격이 강한 하천수를 이용하는 중국이나, 일 년 내내 장마질 정도로 물이 풍부하고 수확된 농작물을 실내에서 처리하는 가옥구조를 가진 일본은 장마에 맞춰 농작물을 수확하고 다시 파종해야 하는 한국처럼 '빨리빨리' 모내기를 해야 하는 절박함이 없다.

한국의 지리적 환경과 벼와 보리의 생육기에 맞춰 이모작을 행하여야 하는 상황에서 벼농사는 6월 10일 전후 보리 수확 뒤부터 벼 이앙기인 6월 말까지 불과 20일 안에 한 해 모든 농사 준비를 마쳐야 한다. 이런 한국 특유의 한시적 집중 노동 즉, 반도형 농경법 때문에 한국인에게 조급증, 즉 빨리빨리 병이 생겼다. 삼남 지방의 비빔밥 문화나 밥과 국을 섞어서 만드는 국밥 문화, 그리고 "죽은 송장도 일어난다."라는 속담 모두 빨리빨리 때문에 생겨났다.

## 13. 노친(老親)들의 개체주의

　제주도에서의 개체(개인) 중시 이념은 남자와 대등한 입장에서 생활한 여성문화와 제주도에만 있었던 부부 중심 가족제를 통해 설명할 수 있다. 제주의 부부 중심 가족은 일단 분가하면 경제적 존속은 물론 방계 혈친과도 단절했다. 심지어 부부가 이혼하여도 마찬가지다. 이런 특수성이 제주 사람들로 하여 서양의 개인주의 및 동양의 혈연 중심 가족주의와 구별되는 개체주의를 나타나게 하였다.

　제주도가 개체주의와 관련된 부부 중심 가족제가 된 또 하나의 원인은 제주도 자연조건이 반영되어 나타난 가옥의 구성과 배치 때문이다. 육지부는 ㄱ자, ㄷ자 혹은 ㅁ자든 하나의 가옥을 크게 연장하여 한곳에 모든 주거 기능이 모이도록 한 단동 일체형(하나의 건물에 여러 기능이 집중된 집)의 가옥 배치가 일반적이다. 그러나 고온다습하고 바람이 강한 제주에는 그러한 배치 구조가 불가능하다. 제주에서는 방풍과 함께 가옥의 적정 규모상 외양간(쉐막)이 안채와 분리돼야 하는 과정에 바깥채(밧거리)가 완전분리되어 마련해야 했다. 이것이 제주도에서 독특한 다동 분립형(여러 채로 나눈 집)의 가옥 배치가 나타나게 된 계기이다.

　그런데 이러한 가옥 배치와 함께 바람이 많고 비 올 때가 많아 주거 기능이 한 채에 집중되어야 하는 가옥 공간구조에서 가족 구성원 누군가는 딴 채에 살아야 했다. 이 상황이라면 누가 딴 채로 옮겨갈까? 당연히 노부모가 옮겨갔다. 노부모가 딴채로 옮겨가게 되는 당연한 이유는 먼저 가옥 공간구조에서 설명된다. 즉 제주도 전통민가는 집 앞뒤에 출입문이 있는 양통형 겹집구조로, 큰 구들(안방)과 조근 구들(건넌방) 사이가 벽체가 아니라 창호지를 바른 샛문(마루와 방 사이의 문)으로 되어 있다.

**밖거리** 초가 단칸방의 밖거리 초가 전경. 제주특별자치도 민속문화재 문형행가옥.(문화재청 국가문화유산포털 사진)

　노부모는 자식 가족원의 사생활을 모두 알게 되어 일일이 간섭하고 싶은 유혹과 동시에 도피하고 싶은 생각이 생기게 된다. 또한, 살림을 물려받은 자식은 큰 집을 필요로 하지만, 노인들은 작게 줄이기가 실용적이었기에 스스로 바깥채(밧거리)의 1평 남짓한 방으로 옮기게 된다. 제주 노인들의 이러한 주거 의식이야말로 가장 합리적인 판단이라 할 수 있다.

　이렇게 하여 바깥채로 이사한 노인들은 독립적으로 취사하기 때문에 물때 맞춰 물질 가야 하는 안채 며느리와 달리 생활주기를 자기 사이클에 맞춘다. 그렇다고 해서 부모 권위가 상실되지도 않았고 자식에게 피해를 주지도 않는다. 오히려 부모와 자식 모두에게 만족을 주는 삶의 체계이다. 이것이 발전하여 점차 아들 가족과 부모 가족이 완전히 분리되지만 고립되지 않은 경제생활을 하게 된다.

## 14. 족장(族長)의 rulership과 향장(鄕長)의 leadership

 씨족장의 전제적, 권위적 통솔이 중시되는 육지부 동족 취락과 달리 제주에는 향회를 조직하여 투표로 선출된 향장이 민주적으로 마을을 이끌어 갔다. 씨족장은 "하라면 해!"라는 명령으로 권위주의적 룰러십에 의해 마을을 통치했다. 반면, 제주의 향장들은 "~때문에 해야 하지 않겠는가?"라는 이유로 설득하며 자발성에 기초한 평등주의적 리더십으로 마을을 운영했다. 개체를 중시하는 부부 중심 가족제와 함께 향회제(향장, 경민장, 존위, 농감, 기찰 등 조직)가 전통인 제주야말로 상향식 민주주의가 꽃핀 동양의 아고라(고대 그리스의 민주광장)였다.

 제주에는 "쇠눈(소의 눈)이 크댕해도 의눈(의논)이 더 크다." 속담이 있다. 개체를 인정하지 않으며 토론 문화가 없는 곳에 민주주의는 없다. 문중을 중심으로 하는 동족 취락의 양반들은 족장보다 권한이 없는 향장(촌장, 육지부에서는 좌수, 향헌, 면임)은 맡지 않으려 했지만 논농사하던 가부장적 동족 취락에서 족장은 그 권력이 훨씬 강력했다.

 제주는 혈연보다 지연주의 사회다. 이를 뒷받침했던 사례로 타지로 출가한 해녀나 전출한 남자는 마을 총유 재산인 공동어장이나 공동목장 이권을 주지 않는다, 타지에서 들어와 마을에 일정 기간 이상 거주하는 이주자에게는 성씨를 불문하고 마을 자산에 대한 이권을 행사할 수 하도록

**테우리와 방목하는 소** (KBS1 특집 다큐멘터리 〈색, 다른 섬〉 방송화면 캡처)

인정한다. 이러한 지연 주의는 지역공동체 의식을 강화하는 한 원인이며 결과다. 마을 남성들에 의한 포제와 여성들에 의한 당굿 등도 지역공동체를 정신적으로 강화했다. 마을 내 혼인을 통해 형성되는 수평, 평등 인간관계를 갖는 혼성 취락에서 한반도와 달리 동네 사돈이 가능했다. 그래서 혈연에 의해 경직된 위계를 갖는 파편적 동족 취락처럼 가문 간(혈연 간) 혹은 남녀 간(신랑·신부 측 집안)의 차가 크지 않은 평등한 지연적 사회를 형성할 수 있었다.

**번쉐 목축문화와 솥가름 전통**

취락 입지를 결정하는 제1요인은 물이다. 제주 지역은 물을 얻을 수 있는 곳이 제한적이었기 때문에 사람들은 물이 있는 곳에 몰려 살며 마을을 형성했다. 이 과정에서 제주에는 자연마을이라 해도 육지부 소규모 마을보다 두 배 이상이 되는 평균 86호 대규모 취락이 있었다. 제주에는 1천여 가구가 넘는 취락도 드물지 않았다. 취락 규모가 커지면서 하나의 취락 내에 소규모 단위의 취락으로 다시 나누어진다. 이렇게 나누어진 소규모 취락을 '가름'이라고 했다.

가름들은 방위나 위치에 따라 웃가름(윗동네), 중가름(중동네), 알가름(알동네) 또는 동카름(동동네), 섯가름(서동네) 식으로 나누어진다. '가름'으로 가르고, 때로는 '동(洞)'을 붙여 나누기도 한다. 각 20호 내외 가호를 갖는 '가름'은 최소 단위 공동체를 이루어 공동작업, 공동생산, 공동경작, 공동상조 등을 실천하는 생활 단위이다. 제주문화 특징인 '수눌음' 작업이나 '연자매' 이용, '번쉐' 목축 등은 가름 단위로 이루어졌다.

실제 '번쉐(번쇠)' 목축은 여름 동안은 중산간 목장에 올려 키우다가 농번기가 되면 각기 마을로 몰고 와 각 농가에서 키우면서 이루어졌다. 이때 농가마다 각기 소를 몰고 다니며 풀을 먹이기보다 당번 집을 정하여 돌아가면서 모든 소를 관리하게 되면 노동력과 비용을 절감할 수 있었다. 이렇게 목축 당번을 정해 번갈아 가며 길렀던 소를 '번쉐'라 했다.

제주도에서 혼인하여 들어오는 며느리는 반드시 자신의 별거식생활을 위한 솥단지를 들고 왔다. '솥가름'이라는 말에서 실감할 수 있듯이 제주의 부자 가족 간 별거식 생활제는 제주 특유의 관습이다. 이 주거형태는 각각의 상대적 독립성을 강화한다.

### 고부갈등 없는 제주

장남에게 모든 생활을 의존했던 육지부의 직계 동거 가족제와 달리 제주도 부부 중심 가족제는 부모와 자식 세대 살림살이가 나누어져 친자간, 형제간 특히 고부간 갈등이 상대적으로 적게 나타난다.

제주에서는 가신(家神)을 포함한 집채 물림(안채 물림)이 이루어졌다. 이것은 부모가 살던 안채를 상속자(결혼한 아들)가 들어가 살고, 부모는 바깥채나 다른 집을 마련하여 나가는 것을 말한다. 안채 물림은 자식 중 누구 한 사람이 안채 고팡을 관리하며 제사를 맡아 한다는 의미로, 안채와 바깥채 주인의 독립성은 그대로 유지된다. 이는 시어머니와 며느리의 고팡이 각각 완전히 분리되고 동시에 취사 또한 따로 하게 됨을 의미한다. 따라서 설령 생면부지 상태에서 혹은 가풍이나 집안의 격이 다른 상태에서 고부 관계가 맺어졌다고 하더라도 서로 간섭할 일이 적어 고부간에 갈등이 그만큼 줄어든다.

육지부에서는 한평생 아침에 일어나 취침할 때까지 결혼한 여성들은 시부모와 자주 얼굴을 보며 살아가야 하므로 고부간 마찰이 잦을 수 있었다. 그러나 제주에서는 시부모가 주 1회 내외 또는 가끔 방문해 서로 돌아보기 때문에 심리적으로 가족 간에 미움보다 애정이 더 앞선다. 이는 가족애뿐 아니라 부부애를 더욱 깊게 하였고, 나아가 궨당과 이웃 간 우애, 본향당 신에 대한 신애(神愛)로 확장할 수 있었다.

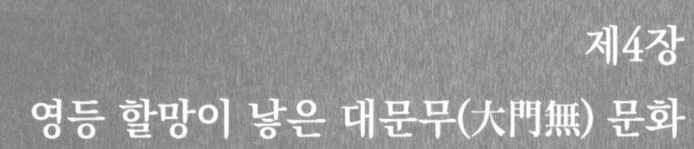

제4장
영등 할망이 낳은 대문무(大門無) 문화

## 제4장 영등 할망이 낳은 대문무(大門無) 문화

　바람의 여신 설문대할망이 자기가 누웠던 크기만큼 치마로 흙을 날라 제주 섬을 만들었다. 그러다 구멍 난 치마에서 새어 나온 흙이 360여 개 오름이 되었다. 바로 제주도 창조 신화이다. 제주 섬을 만든 설문대할망은 맨 처음 천지의 깜깜한 어둠 속에서 손가락으로 한 점을 찍었다. 이 태초의 움직임이 어둠으로부터 살아있음과 죽어있음을 '곱' 갈랐다. 그 움직임으로 인해 바람이 생겨났고 이 바람이 다시 세상을 만들기 시작했다.
　온대성저기압은 봄철 고온 건조한 양쯔강에서 불어오는 따뜻한 바람(마파람)을 몰고 온다. 겨우내 대만 부근에 자리하던 제트 스트림이 북상하면서 이 바람을 끌어 올린다. 이 때문에 제주에는 극심한 악천후가 연일 계속된다. 이와 함께 윈드시어(Wind Shear)가 나타난다. 제주 사람들은 이를 '돗퀭이'라고 불렀다. 보통 윈드시어가 나타나면 남에서 북으로 부는 바람이 한라산에서 갈라졌다 다시 합쳐지는 과정에서 이상 기류가 생기기 때문에 중심부는 물론 그 주변 바람의 변화가 심해진다.
　이처럼 지형 영향을 많이 받는 윈드시어는 특히 제주공항에 자주 발생

한다. 그래서 비행기 조종사들은 이 윈드시어를 제일 두려워한다. 일반적으로 지평면을 기준으로 나란히 공기가 이동하면 바람이라고 하고 수직으로 상승 하강하면 기류(氣流)라고 한다. 이에서 보면 윈드시어는 이상기류 현상이라고 할 수 있다.

제주도에서는 윈드시어가 빈번한 2월을 '영등달'이라 한다. 영등달은 '금기의 달'이다. 예전 제주 여성들은 "영등 들어 왕 풀 볼래 허민 집안에 버렝이 괸다"(영등바람 불어 풀 빨래하면 집안에 벌레가 꼬인다.)라는 속

**칠머리당 영등굿** 1980년대 초 영등굿 옮기 전의 옛 칠머리당에서 이루어진 영등굿 장면.(『사진으로 보는 제주역사』 사진)

담에 따라 이 시기에는 풀 빨래하지 않는다. 그건 남성들도 마찬가지였다. "영등에 나간 사람은 기다리지 말라"라는 속담에 맞춰 멀리 나가거나 지붕 이는 일을 하지 않았다. 이들 모두 '영등 바람'이라 부르는 돌풍으로 인해 사고 나지 않을까 해서다.

매년 영등달에는 건조하거나 때로 비를 쏟아지는 등 갈피 못 잡는 돌풍, 즉 예측 불가능한 영등 바람이 분다. 토네이도 성질을 가진 이 바람은 여름철 태풍보다 더 거칠고 변덕스럽게 몰아친다. 그래서 생명을 위협하는 큰 재난을 가져오기도 한다. 게다가 이 영등 바람이 바다에 불면 소라와 고동 등 바다생물의 알멩이가 다 비어버린다.

오랜 세월 이런 변덕스러운 기후 현상을 경험해 온 제주 사람들은 매년 음력 2월 1일부터 15일까지 바람의 여신인 '영등할망'을 모시는 문화를 만들어냈다. 이 문화는 아직도 제주도 해촌 주민이 하는 '칠머리 당굿'을 비롯한 많은 영등굿에 남아있다. 그렇다고 영등신이 제주 지역에만 존재하는 것은 아니다. 영등 할머니 신앙이 우세한 영남 해안에도 있다. 제주 지역에서는 심방(무당)과 주민이 함께 당굿 형태의 영등굿을 치른다. 그리고 제주 영등할망은 단순히 풍농과 풍어만 아니라 농·해산물의 씨를 뿌리는 신으로 인식된다.

제주도는 섬이라는 지형과 위치 요인 때문에 강풍과 다우지역이 되었다. 그 위치 요인은 제주도가 강풍 통로인 유라시아 동단에 있음을 말한다. 즉, 제주도가 이동성 저기압과 태풍의 통과지점이다. 이와 더불어 제주에는 지표 마찰로 감속되지 않은, 즉 표면효과를 덜 받는 해상바람이 육상바람보다 평균 2배 강하게 분다. 이 때문에 바람이 거세다.

한편 태풍은 한여름 가뭄을 해갈시켜 준다. 이뿐만 아니라 감태와 듬북을 뭍으로 올려 주어 이를 거름으로 이용할 수 있게 해준다. 보통 거름으로 이용되는 해초류들은 정월 초순부터 4월 말까지 해녀들이 물속에 잠수해 채취한다. 이같이 태풍은 제주 사람의 삶에 어려움을 주기도 하지만 동시에 도움을 주는 야누스적 존재였다.

실제로 장마전선이 북상하면 제주 섬은 땅이 더워져 생겨나는 상승기류에 의한 대류성 강우를 기대할 수 없다. 이런 상황이라 농사에 필요한 비는 오로지 저기압성(태풍성) 강우뿐이다. 만일 이때 태풍이 불지 않으면 농사에 필요한 비가 모자라 그해 농사를 망치게 된다. 이처럼 과거 제주에서 발생했던 가뭄(한재)은 대부분 태풍이 오지 않아 생겨났다.

**제주도의 바구니들** 제주의 바구니들은 밑바닥이 사각이다. 두상운반을 하는 육지부의 바구니는 주로 원형인데 반해, 등짐운반을 하는 제주에서는 짊어질 수 있도록 바구니의 바닥판을 사각형으로 만들었다.(제주문화예술재단 사진)

바람은 여러모로 제주 사람들의 삶에 강한 스트레스로 작용하였다. 이 때문에 제주 섬사람들은 '모지지기' 정신을 가지게 됐다. 저돌적이며 자유분방하지만, 뒤끝이 없는 표한·방사한 성격을 지녔다.

바람은 제주 섬사람들의 의식주와 생활에 영향을 주었다. 이는 수건이나 정동 모자(댕댕이 덩굴로 엮어 만든 제주 전통모자) 착용, 해조류 퇴비 이용, 등짐운반, 큰 목소리, 바람에 잘 견디는 가옥 등에 잘 나타나 있다. 또 계세 사상(죽어서도 지하세계에서 삶은 계속된다는 사상)으로서의 '이어도 토피아'의 타계관(현실 세계를 떠난 다른 세계에 대한 관념)을 갖도

**초가의 차이** 육지 초가의 용마름을 덮고 있는 모습(농민신문 사진), 제주 초가의 상모루.

록 했다.

'모지지기 정신'은 제주 전통 초가에서 쉽게 찾아볼 수 있다. 제주도 전통 초옥 민가는 독특하다. 제주 초옥의 외부 지붕 경관을 보면 지붕 꼭대기에 일자형으로 뻗은 정선(頂線)에서 보이는 지네 모양의 돌출된 덮개 씌우기 용마름이 없다. 다만 구조적으로 구별되는 미끈한 '상모루'가 있을 뿐이다.

일반적으로 겹집의 경우 단동 일체형 가옥을 가지지만, 제주도는 안거리, 밧거리, 모커리로 이루어진 다동 분립형 가옥을 가졌다. 그리고 울담은 처마 끝까지 올려 집을 완전히 감싸고 있고 가옥 외벽이 돌담 커튼 벽을 하고 있다. 여름용 마당부엌(한뎃부엌)은 비와 바람 때문에 부엌이 건물 밖에 없었다. 그래서 제주도 정지(부엌)는 부뚜막 없이 화덕(솟덕), 즉 다섯 아궁이에서 동시에 여러 가지 조리를 자유롭게 할 수 있다.

제주에서는 아궁이 속에 밀어 넣은 난방 연료인 말린 소나 말똥이 밤새 천천히 타게 했다. 그래서 제주 섬에는 아예 굴뚝을 만들지 않았다. 대신 아궁이 입구를 연료가 들어간 후 판석으로 막고 그 틈새를 재로 꼭 막아 연소하는 동안 산소 공급이 이루어지지 않도록 했다. 다만 숨구멍 용으로 마당 쪽 낭간 아래 벽에 몇 개

굴묵 (주강현 사진)

구멍을 뚫어놓았다. 이 아래에서 퍼지는 연기와 그을음으로 집 안으로 들어오는 벌레와 짐승을 막을 수 있었다.

제주도에서는 난방을 위해 불 때는 일을 '굴 묵 짓는다'라 한다. 솥단지가 굴뚝과 연결된 부뚜막 체계가 아니라 난방과 취사가 분리된 분리형 난방구조이다. 과거 제주도 가정의 연료는 보릿대나 콩대, 마른 솔잎이었다. 나무는 특별한 날 빼고는 사용하지 않았다. 그래서 재가 많이 나올 수밖에 없었기 때문에 이 재를 쉽게 처리하려고 굴묵을 만들어냈다.

### 반도의 똥개 문화와 섬의 똥 돼지 문화

제주도의 돗 통시(통시)는 변소, 서각, 정방, 변방, 측실, 측간, 측옥, 측소, 측혼, 모측, 청, 청측, 잡, 회치장, 세수간, 화장실 등 다양한 이름으로 불렸다. 남성용은 외측, 여성용은 내측이라 했다. 여성용에는 여자들이 뒷물할 장소가 있어야 했기 때문에 이를 북수간 또는 세답방이라고도 했다.

예부터 제주도에는 인분 냄새가 없었다. 보통 제주도 살림집 뒤 곁에 있는 '우영' 혹은 '우잣'에 쓰였던 퇴비는 2, 3일이면 암모니아 냄새가 없어지는, 따로 받은 오줌이다. 그래서 제주 사람들은 위생적으로 자부심을 가질 수 있었다. 그러한 자부심은 제주 특유의 측간 구조에서 온다. 제주의 전통측간은 바람과 허리 아랫부분을 외부와 차단하는 낮은 돌담 벽만 있고 지붕이 없는 무개측간(無蓋厠間)이다. 그래서 볼일 보는 동안 바깥세상을 시원히 바라볼 수 있으며 눈을 따갑게 하는 악취도 없다. 이로 인한 쾌변은 덤이다.

과거 제주도에서는 분돈 사육으로 인분과 취사 후 나오는 온갖 찌꺼기를 처리하며 '돗 거름'이라는 최상의 퇴비를 만들어냈다. 이 점이 제주도에서 양돈 측간을 두게 된 가장 큰 이유이다. 돗 거름 생산은 당시 제주

**제주도의 돗통시** (『1975년 제주도 선흘리 가문자치·혼례 재현』 사진)

선민들만이 독창적으로 개발하여 행했던 저비용 고효율의 생태적 농법이다. 이뿐 아니라 돗 거름은 제주의 전통 보리농사에 있어 생명줄이었다. 대체로 안채 좌우 어느 한쪽 바깥벽과 연하여 설치되는 돗 통시는 4평 내외이다. 여기에 약 2m 깊이로 파서 보릿짚을 깔아주고 남은 찌꺼기는 물론 쇠 막에서 나오는 쇠똥을 집어넣었다. 이들과 돼지 배설물이 뒤섞이면서 완전발효된 퇴비가 나온다.

한편 수시로 깔아주는 보릿짚은 돗 통시의 산소 공급과 온도 유지와 관련이 많다. 보통 퇴비 만들 때 구덩이를 이용한다. 그런데 구덩이 통시를

**돗거름 내치기** (강만보 사진, 『사진으로 보는 제주역사』)

이용하면 비가 올 때 퇴비 더미가 물에 잠기면 호기성 분해에 필수적인 산소 결핍을 초래할 우려가 있다. 물론 구덩이 통시 자체가 투수율 높은 화산회토로 되어 있지만, 산소 결핍을 방지하고 적정한 온도를 유지하기 위해서는 가볍고 부피가 큰 재료를 사용하여 퇴비 더미 안에 공기가 들어갈 수 있는 빈틈을 만들어야 한다. 이를 위해 속이 비어 있으며 파이프 형태를 가진 보릿짚이 가장 적당하다. 그래서 제주도 전통농가의 돗 통시 옆에는 항상 보릿짚을 쌓아둔 '눌'이 있었다.

제주도 화산회토는 대부분 질소, 칼륨, 인이 부족하다. 그래서 가축 배설물에서 얻어지는 퇴비로 부족분을 보충했다. 퇴비는 외양간이나 닭장에서 나오기도 하지만 양돈 측간에서 가장 많이 나온다. 한편 인분은 일반적으로 집에 기르는 가축 배설물보다 질소, 칼륨, 인이 더 풍부하다. 이 인분을 일단 돼지 몸을 거친 다음 퇴비로 사용했다. 그래서 돼지 배설물을 이용하여 퇴비를 만들면 그 과정에서 인분 악취가 안 난다.

이뿐 아니라 돼지가 새끼를 많이 낳아 돈도 벌 수 있었다. 또 돼지는 소나 말에 비해 저렴하여 쉽게 두축해서 양질의 단백질과 지방질을 섭취할 수 있다. 게다가 소 배설물에 비해 돼지 배설물은 질소, 인, 칼륨 등 미네랄 함유량이 2배에서 4배나 많다. 한편 통시에 깔았던 보릿짚, 밀짚, 콩짚 등에 많은 광물질이 들어있다.

전통농사에서는 보통 일 년에 한 번, 보리 파종 직전인 음력 11월 통시에서 돗 거름을 퍼내어 보리 씨앗과 섞은 후 밭으로 운반했다. 돗 거름 퍼내기와 운반은 골채(삼태기)와 소 잔등에 양옆으로 얹어지게 되는 망탱이(멱서리)로 하였다. 돗 거름은 일 년 동안 통시 구덩이에서 완전분해되는 기후와 습도에서 퇴비화가 이루어지기 때문에 악취가 전혀 없다.

한편 분돈 사육, 즉 똥 돼지 문화가 있었던 제주도는 불교적인 불향(佛鄕)이었으며 개의 도움을 받는 목축과 수렵이 성행했다. 제주도에는 '하로산또'라는 수렵·목축 신을 지금도 신앙한다. 또한 전부터 제주도에는 "개고기를 먹으면 재수 없다" 혹은 "사후 저승길을 인도하는 동물이기 때문에 개고기를 먹어서 안 된다"라는 금기어가 있었기 때문에 개고기를 거의 먹지 않았다. 그와 아울러 제주도에서는 개를 귀신을 볼 수 있으며 잡귀가 접하지 못하도록 하는 축귀수(逐鬼獸)라 여기며 중요하게 여겼다.

"개 폴앙 쉐스랑 산다(개 팔아서 겨우 쇠스랑 하나밖에 못 산다)."라는 제주속담이 있다. 제주도는 양돈 측간 때문에 개가 먹을 사료가 충분하지 않았다. 그래서 개를 기르면 절로 인간과 경쟁 관계가 성립되기 때문에 개 기르기를 피했다. 그래서 제주 사람들은 개 죽이는 사람을 보면 '개 피쟁이' 혹은 '개백정 놈'이라 하며 이를 가장 큰 욕이라 여겼다. 그 대신 제주 사람들은 유월 스무날을 '닭 잡아먹는 날'이라 하여 닭 잡아먹는 풍속이 있었다.

**한경면 용수리 방사탑 1호** (문화재청 사진)

한편 예전에는 '거욱' 혹은 '매두레기'라 불리는 제주도 돌탑이 있었다. 안개 낀 날이나 어스름한 일출과 일몰 즈음, 겨울철 눈이 높게 쌓여 가려는 곳의 방향감각을 잃고 한 지점을 중심으로 원을 그리며 맴도는 현상인 환상방황으로 인하여 방향 잡기 힘들 때, 제주 사람들은 그 돌탑을 이정표로 삼았다. 1960년대까지만 해도 제주에서는 눈 많이 쌓였을 때 길을 걷다 얼어 죽는 사고가 종종 있었다. 시야가 좋지 않은 날 수심이 얕고 암초가 곳곳 산재하는 포구에서 어선 입출은 매우 위험하다. 이 때문에 제주 마을 곳곳에 거욱 돌탑을 세웠다. 이러한 거욱은 마을의 허함을 보완하는 풍수지리적 비보 기능도 있다.

돌장승이나 제주의 정주 목신은 모두 백성들에 의해 마을 입구나 민가 입구에 세워졌다. 사찰의 입구 사천왕에서 보듯, 돌하르방은 권력자의 권위(圍)를 내세우기 위해 상징적으로 만든 조형물로 고온다습한 제주 기후, 다공질 현무암 재질이 결합 되어 자생적으로 만들어진 석상이다. 돌하르방은 형상이나 제작 시기를 고려했을 때 고려 후기 복신 미륵 불상이 토속적으로 변모한 결과로 볼 수 있으나 유래는 확실하지 않다.

복신 미륵은 제주도민속자료 제1호 돌하르방과 유사하게 생겼지만, 그 생김새와 기능이 다르다. 돌하르방이 읍성을 수호하기 위해 관청에서 만든 석상이라면 미륵은 민간에서 주도한 신앙 기능을 담당하기 위해 만들어진 석상이다. 현재 복신 미륵은 옛 제주성을 동, 서쪽에서 바라보며 성

**제주의 복신미륵** 제주시 건입동의 동자복상(좌), 용담동 용화사 경내의 서자복상.(각©)

안을 지키듯 서 있다.

**정낭과 사립문**

제주도 전통민가 입구에는 문짝 달린 대문이 없다. 이에 대해 어떤 사람은 제주 사람들이 근면 정직하기 때문에 도둑과 거지가 없다는 단순한 판단을 내리기도 한다. 혹은 도둑질해봐야 섬이라 도주할 곳이 없기 때문이라고도 한다. 물론 그러한 면이 전혀 없지 않아 보인다. 그러나 제주도 민가에 대문이 없는 진짜 이유는 도둑과 거지가 없어서라기보다 고온 다습한 바람과 관련이 깊다.

전통사회 한반도의 민가 대문은 대부분 싸리로 만든 싸리문이다. '새립

**정낭** 성읍민속마을의 정낭.(인터넷 지역N문화 사진)

문'이라고도 불리는 이 싸리문은 도둑과 거지를 막기 위함이 아니다. 오히려 사람과 가축 보호 즉 호랑이, 늑대, 곰, 멧돼지 등으로부터 사람과 가축을 보호하려 함이다. 그러나 제주도 한라산에는 맹수가 없었다. 그래서 굳이 맹수 방어형 대문을 만들 필요가 없다. 게다가 기후 특성으로 인해 나무가 부식이 잘되는 제주도에서는 싸리문을 만든다는 것 자체가 어리석은 일이었다. 그저 우마 침입 방지용의 목책문 이를테면 '정낭'만 있으면 충분했다.

그래서 제주도에서는 외부 세계와 살림집을 연결하는 올레의 끝에 서

**제주 마을의 올레** (『사진으로 보는 제주역사』 사진)

너 개 구멍 뚫린 돌기둥(정주 목)을 세워 놓고 거기에 통나무를 끼워 넣은 '정낭'을 개폐 시설로 이용했다. 일부에서는 '살채기(柴門)'라 하여 나뭇가지를 이용한 목책 문이 있었다고 한다. 대부분 이 형태였기 때문에 제주도에 대문이 없다고 했다. 그러나 사실은 정낭과 올레가 대문을 대신하였다. 정낭과 올레의 어우러짐은 제주도만 갖는 유일한 주택 경관 요소이다. 올레는 살림집에만 있는 게 아니라 무덤의 산 담에도 간혹 있었다.

제주에는 보통 여러 채 집들이 띄엄띄엄 군집을 이룬다. 이 군집이 다시 모여 하나의 큰 동네를 이루는데 이는 제주의 '골'에 해당한다. 제주도 공동체는 이렇게 집-골-가름-마을공동체로 전개된다. '골'을 끼고 있는 집들을 '올레 집'이라 하며 서로 깊은 유대감을 갖는 공동체다. 골은 마치 감자 뿌리에 달린 감자들처럼 연결된 골목길로 연결되는 길을 말한다. 감자 뿌리의 주 줄기를 '가름질', 가름 내에서 골로 이어지는 길을 '먼 올레', 골에서 각 집 마당으로 이어지는 진입로를 '올레'라고 했다.

일반적으로 대문이 없다고 할 때 그 대문은 홑 집에서 볼 수 있는 출입구 시설로 그것은 여닫는 나무판자로 된 판문 짝이나 싸리 등의 나뭇가지로 만든 사립짝을 지칭한다. 또 이를 보호하는 지붕(홑집형 대문=마당 대문)이 있는 경우를 말한다. 이들 문은 재료로 구분된다.

그 위치나 구조면에서 가옥 건물에 달리지 않은 바깥문이기 때문에 대문이라 한다. 물론 홑집에서 보이는 사립문은 지붕이 없더라도 대문에 포함될 수 있다. 간 구획이 외줄로 되고 집 앞으로만 출입하도록 한 외통집인 홑집은 집안과 바깥 세계의 울타리이다. 이 울타리를 뚫은 곳이 출입구가 된다. 바로 이 자리에 마당 대문인 외호가 세워졌다.

그러나 제주도나 백령도 혹은 관북지방 등의 양통 겹집의 집 안과 바깥 세계의 경계는 가옥 외벽이며 외벽 중 마당과 출입구 큰문이 대문이 된다.

제주도에서는 상방(대청마루) 문이 대문이다. 다른 지방에도 이 형태가 있다. 백령도에서는 봉당과 마당과 연결되는 사이 문을 대문이라 한다. 따라서 도서 지역에서는 마당과 바깥세계를 연결하는 출입구가 하나 더 있다. 거기에 시설물이 아닌 겹집형 대문으로 상시 개방된 평면적 출입구가 있다. 다시 말해 제주도 올레인 관문이 있다. 만약 겹집형 집에 대문이 있다면 그것은 가옥 대문과 마당 대문, 이중 대문이 있음을 말한다.

한편 짐승 피해 없음, 즉 수재무(獸災無)와 대문무 관계는 제주도에도 적용된다. 육지부에서는 전통적으로 마당 대문인 사립문을 예외 없이 설치했다. 그 이유는 맹수를 방어하기 위해서지 사람 방비를 위해서가 아니다. 그것은 울타리와 사립문 높이로 알 수 있다. 그 높이는 성인이 집 안을 들여다볼 수 있을 정도다. 보통 맹수는 습성상 벽체가 있으면 보통 담

**제주 초가의 대문인 상방문의 외부와 내부** 상방문 위에는 제주도 가옥신의 최고신인 '일문전신'인 좌정하는 것으로 관념된다.(제주민속촌 사진)

을 넘지 않고 그냥 지나치는 성질이 있다. 물론 튼튼한 장애물이 아니라면 물어뜯어 들어오거나 땅을 파 침입하기도 한다.

제주도는 예로부터 밭 갈기, 운반 외에 특히 화산회토에 연유한 진압농법을 위해 전통적으로 우마를 방목해 왔다. 그런 의미에서 제주도에서는 집 밖이 모두 방목장이다. 그런데 우마들이 집 마당에서 건조 시키는 곡식이나 우영 밭(텃밭) 채소를 먹어 치울 위험이 있다. 이를 막기 위해 통나무를 가로 걸쳐놓았는데 이게 바로 정낭이다.

대개 정낭은 방목하는 우마 침입을 막는 게 우선이고 사람 출입은 나중이다. 그러나 사람 출입용으로 보면 통나무 두 개가 내려 있으면 주인이 잠깐 외출로, 한 개만 내려 있으면 장시간 외출했다는 신호로 삼았으며 세 개가 다 걸쳐 있으면 종일 출타 중이라는 신호로 여겨왔다.

간혹 장시간 멀리 출타 중임을 알리는 3개 정낭이 걸쳐져 있어도 반드시 방문 앞에 사람이 있는 것처럼 신발을 놓아두거나 출입문에 잠금장치를 하는 예를 가끔 볼 수 있다. 사람들은 정낭이 걸쳐 있으면 집 안에 사람이 없다는 것을 알아차려 굳이 방문하지 않는다. 정낭의 통나무가 3개 모두 걸쳐져 있는데도 남의 집에 들어가면 자칫 침입자로 오해 받을수 있다. 한편 사람이 집 안에 있어도 혹시 마소의 침입이 있을까 봐 정낭 모두를 걸쳐놓아 정낭 숫자가 3개, 4개, 5개가 되기도 했다.

이와 달리 제주도 민가 울타리는 가옥을 둘러싸는 부분에서 바람구멍을 두어 외담을 쌓았다. 작정하면 높이를 약 190cm 정도까지 쌓아 올릴 수도 있지만, 점차 올레 입구에 가까이 가면서 약 150cm로 정도로 낮게 쌓았다. 그리고 입구 구석에 어귓 하여 큰 괴석을 놓아 무너짐을 방지하였다. 만약 이 상태에서 바람압력을 많이 받는 독립된 작은 마당 대문을 세우면 강한 바람에 때문에 대문이 흔들리고 울타리가 무너질 수 있다. 여기에 고온다습 기후인 제주도에 나무 대문을 설치할 경우 그 판목과 땅속에 박힌 목재가 쉽게 썩기 때문에 1~2년에 한 번씩 새로 바꿔야 한다.

그래서 제주도 마을 중요한 장소에 세워지는 '거욱'이나 읍성 취락 입구에 세워졌던 돌하르방은 모두 석재를 사용했다. 제주도 측간이 다른 도서지방과 달리 지붕과 벽이 없는 노천 측간이었던 이유 역시 강한 바람 때문이다. 이런 환경 적응은 원두막 형태에도 나타난다.

한편 과거 제주시 성안과 애월, 조천 등 사람 출입이 잦았고 인구밀도가 비교적 높았던 도회지 취락의 대지는 그리 넓지 않았다. 대신 불청객이 많았기 때문에 바람막이 겸 '이문간'이라는 대문이 집마다 있었다. 바깥채에 '이문'이라 부르는 그 대문은 오막살이라 할 2칸 막살이 집에도 있었다. 이문이란 마당에 붙어 있지 않고 길에 세운 대문이라는 뜻이다. '여(閭)'라고

**이문간** 성읍민속마을 한봉일 고택 이문간.(문화재청 국가문화유산포털 사진)

도 한다. 마당으로 들어오는 바람을 효과적으로 막을 수 있는 이문간은 바람을 막기 위해 반드시 한 채 가옥 중 한 칸으로 존재한다. 그래야 비를 가리고 바람에도 쓰러지지 않는다.

그러나 이문간 없이 정낭만을 두었던 촌락 민가에서는 살림집 공간기능을 합리적으로 배치하는 과정에서 특히 마당으로 쇄도하는 강풍을 막고 바람이 강할 때나 우마차 출입 시 무너질 위험이 있는 울담을 보호하기 위해 집 내외를 연결하는 통로를 튼튼하게 축조했다. 그리고 마당 대문이 있을 자리에서 마당까지 잇는 올레를 만들었다.

보통 올레가 있는 지역들은 생활을 자급하는 곳들로 가옥 주위에 넓은 공간을 생산, 저장, 부속 공간으로 이용한다. 따라서 가옥 입지는 대지 중앙이 된다.

**올레는 음악이 있는 공간 예술품?**

제주도 전통민가에서 집으로 들어오는 입구는 올레 어귀가 된다. 이 올레 어귀에 정낭 혹은 살채기 문이나 이문이 설치되었다. 여기부터 마당까지 들어오는 올레라는 진입로가 관문이다. 이 관문 안쪽 끝은 마당 시작점이다. 일부에서는 다소곳하게 곡선을 그리는 올레를 보고 제주도 살림집 마당을 제주 사람들이 음악이 있는 공간 예술을 추구한 결과이고 동시에 집안을 바깥에 내보이지 않고 사생활 보호를 위해 만들었다고 한다. 도입부는 올레 어귀, 전곡부는 올레 목, 발전부는 잇돌이 있는 마당, 종결부는 안 뒤를 포함한 가옥이다.

제주도에서 살림집이나 밭 울타리는 대부분 불규칙한 다각형 모습을 보인다. 이는 토심이 얕은 용암 평원에서 터 깎기나 터돋움할 수 없었고 할 필요가 없었기 때문에 나타난 현상이다. 이는 지형 경사면을 그대로 이용했기 때문으로 제주에는 봄철 해빙기나 여름철 장마기 때마다 인명과 재산을 앗아가는 축대 붕괴 사고가 일어나지 않는다.

　제주도 올레는 집을 지을 때 먼저 가옥(안거리)의 좌향을 정하여 완성한 다음, 밧거리나 우영 혹은 장팡 뒤, 눌 왓 등을 안거리와 마당을 둘러싸서 배치하는 과정에서 만들어지는 주가의 구성요소다. 그래서 올레는 당연히 안거리 정면을 바로 내다볼 수 없게 만들었다. 완경사 지형(용암평원)을 이용하여 축조된 인접 밭 담이나 이웃집 울담을 이용했기 때문에 일직선 골목이 아닌 곡선을 이루는 형태를 가질 수밖에 없었다. 이런 구조라야 강한 풍속을 줄일 수 있고 마당 먼지 날림이나 곡식 날림을 효과적으로 막을 수 있기 때문이다.

　이처럼 올레는 바람 많은 섬에서 공간을 가장 이상적이고 합리적으로 이용하기 위해 만들어졌다. 대문을 없앤 올레, 보름옷도, 영등할망은 모두 바람에 적응하려 했던 제주의 문화이다. 결론적으로 올레는 제주 해녀들의 나잠(裸潛) 어로, 초가지붕의 상모루, 인분 처리와 퇴비 생산을 겸했던 양돈 측간과 함께 제주 선민이 고안한 자랑할 만한 주거문화 요소라고 할 수 있다.

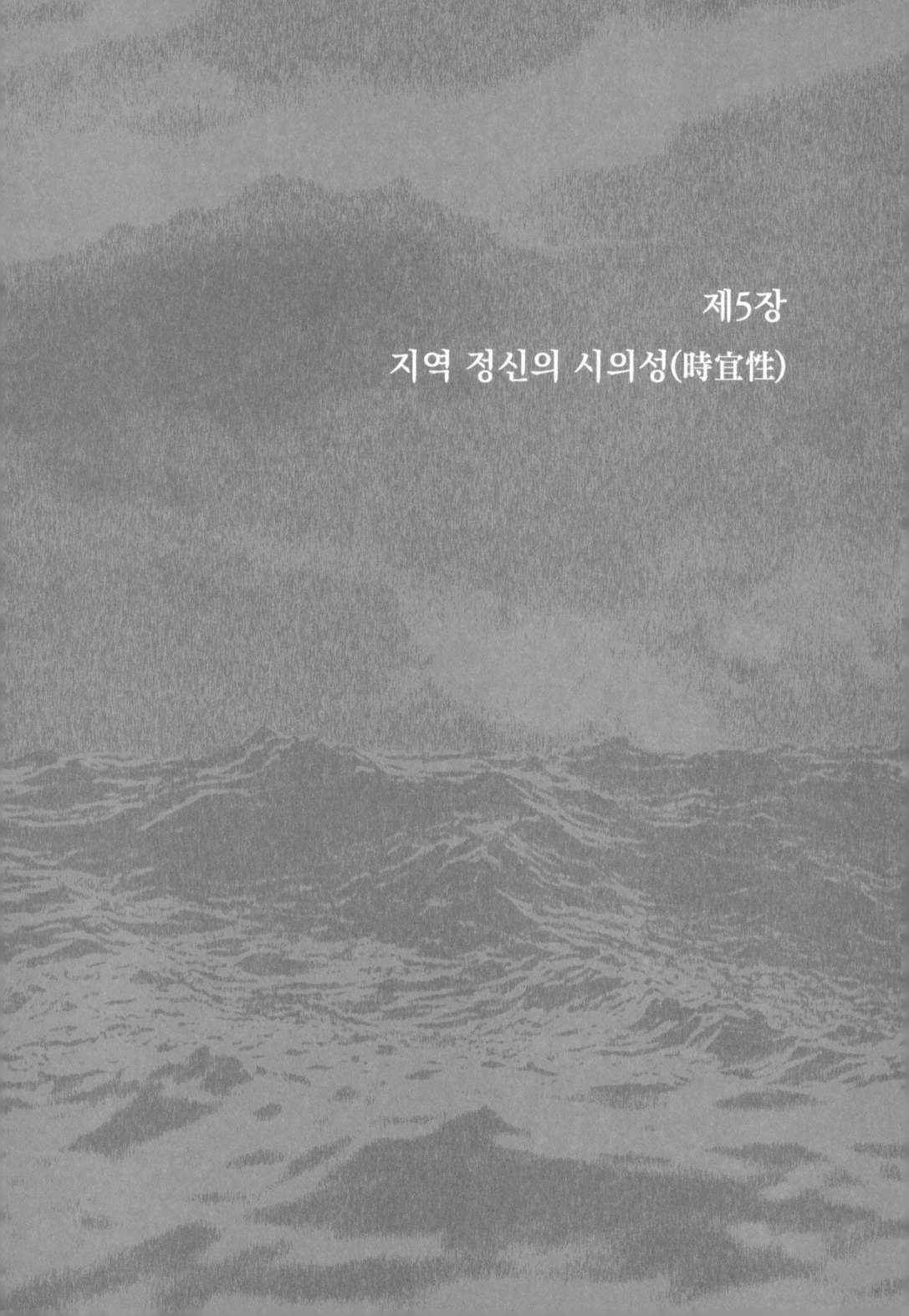

# 제5장
# 지역 정신의 시의성(時宜性)

# 제5장. 지역 정신의 시의성(時宜性)

**심벡이랑 허곡 게움이랑 허질 말라**

사실 알고 보면 시기심이라는 감정은 아주 자연스러운 인간 본능이다. 만일 이 시기심에서 폭력을 배제만 한다면 오히려 이는 인간 사회가 가진 매우 중요한 자원이 될 수 있다. 이를 선하게 이용하면 지역을 변화시키는 원동력이 될 수도 있다. 지금까지 제주도민이 갖고 있다고 오해받은 시기와 의심을 포괄하는 시의심(猜疑心)은 어느 사회나 다 있을 수 있다.

그동안 제주인에게 나타나는 시의심은 역설적으로 제주 사람들이 개체적 대동 사회에서 경쟁심과 자존심이 강하다는 점을 말해주고 있다. 아울러 제주 사회에서 고발, 투서, 무고 등이 많다는 사실은 제주 사람들이 '게움' 즉, 시기하고 의심하는 에토스를 강하게 내포하고 있음을 말해준다.

일반적으로 시의심은 두 가지로 나누어 해석할 수 있다. 첫째, 잘되는 사람을 질투하고 의도적으로 폄하시킨다. 둘째, 비정상적으로 부를 이룬 졸부와 그가 가진 통합된 대동 사회를 깨뜨릴 수 있는 위험 요소인 파괴적 우월의식에 대한 경계이다. 과거 제주도 상황에서는 정상적 방법으로 도저히 특출한 부자가 나올 수 없었다. 그럼 에도 불구하고 어떤 이가 부자가 되었다면 그가 과욕이나 부정한 방법으로 부자가 되었을 수도 있다는 합리적 의구심이 생길 수밖에 없었다.

"욕심이 씨민 도둑이 반이여(욕심이 과하면 반은 도둑이다)", "놈의 보징 아지민 애기 나지 마랑 일 해사 혼다(남의 빚보증 서면 아이 낳지도 말고 일만 하여 갚아야 한다)"라는 제주속담이 있다. 이에서 보면 단순한 시기심이 아니라 시기와 의심을 합한 시의심이라는 말이 더 정확하다고 여겨진다. 과거 제주에는 소작인보다 일정 토지를 소유한 자작농이 많았다. 그래서 굳이 남에게 크게 의존하거나 달리 아쉬워할 게 없었다. 여기서 아쉬울 게 없다는 말은 자존심과 강한 자아의식이 있다는 뜻이다.

역사적으로 제주는 마을 공동목장이나 공동어장 운영에 있어 비교적 평등한 지역공동체를 형성하고 있었다. 이 섬에서는 누구 혼자 엄청난 부자가 될 수 있는 상황이 아니었다. 그렇게 제주는 평등 사회를 유지해 왔다. 이것이 제주인으로 하여금 이타심과 함께 강한 자존심을 갖게 했다고 여겨진다. 그러나 일제 식민지가 되면서 대동보다는 개인을 더 강조하는 자본주의가 들어 와 상품작물 겸 환금 작물인 고구마 재배가 늘어나면서 광작 농가가 생겨났다. 그때부터 제주 사회에 조금씩 빈부 격차가 보이기 시작했다. 이는 제주 사람 특유의 정신문화 체제인 개체주의와 대동주의 간 균형이 깨지고 있음을 의미한다. 개체를 인정하면서도 강력한 평등을 지향해 온 공동체 사회가 무너지는 조짐을 보이기 시작했다는 말이다. 이 상황에서 사람들은 불안해하고 불만이 생겨났다고 보인다. 그 불안과 불만이 '게움(시의심)'이 되어 무고나 투서 형태로 표출되었으리라 짐작된다.

이는 반상 구별 없이 구성원 모두 평등하게 참여하는 향회라는 마을 조직 운영에서 찾아볼 수 있다. 제주도는 인류 역사상 보기 드문 평등 사회

**구좌읍 하도리의 원담** 육지부의 원담이 개인소유가 대부분인데 반해 제주의 원담은 마을공동소유가 대부분이다. (주강현 사진)

였으며 민주 사회였다.

필연적으로 공유할 수밖에 없는 생산의 장인 바다와 임야 그리고 같은 토지생산력을 가진 경지를 소유한 제주였기 때문에 경쟁 원리가 전제된 자본주의 정신으로의 개인주의적 요소가 많았다고 할 수 있다. 지금껏 개체적 대동 사회를 이루어 온 제주는 지배와 복종의 원리보다 경쟁과 연대의 원리를 계속하여 지향해 왔다.

"심벡(競爭)이랑 허곡 게움(猜疑)이랑 허질 말라(경쟁은 하되 시기 질투는 하지 마라)"라는 제주속담이 있다. 이를 바꿔 말하면 "오기를 가지고 경쟁은 하되 시기와 질투, 의심은 하지 말라"라고 할 수 있다.

다시 말하면, "건강한 경쟁과 양립은 하더라도 부질없는 대립과 투쟁은 하지 말라"는 뜻이다. 예전 제주에서 시의심 강한 사람을 '게움다리'라고 하며 경계했었다는 점을 미루어 볼 때 제주 사람들이 어느 정도 시의심이 있음을 받아들였다고 보인다. 이와 더불어 제주 사람들은 적극적으로 경쟁하라는 창의적 사고가 있었다.

같은 기회가 주어지는 상황에서 제주 사람에게 굴종이란 어떤 이유에서든지 의존과 죽음을 의미한다. 그래서 제주 사람들은 폭력이 배제된 상황에서 행해지는 자기와의 싸움인 심벡이 필요했다. 그러나 잘 나가는 사람을 저주하거나 발목을 잡아 내려뜨리려는 게움은 폭력이 개입될 소지가 많기에 이를 경계했다. 이처럼 시의심은 경쟁심의 산물이다. 역으로 이 경쟁심은 시의심의 산물이다. 따라서 시의심이 없으면 경쟁심이 없고 경쟁심이 없으면 시의심도 없다. 논농사 지역과 달리 자유롭게 경쟁할 수 있었던 제주 사회에서는 배분적 정의를 위한 기회와 원인의 평등은 물론 균분적 정의에 의한 결과의 평등을 동시에 지니고 있었다.

형제간 균분상속제를 행해 온 제주 사람들로서는 재물을 얻는 데도 항상 기회의 평등이 주어졌다. 그리고 제주에는 결과의 평등을 요구하는 적개심에 가까운 시의심이 없었다. 평등 사회인 제주에는 그럴 대상이 없기 때문이다. 제주 사람들은 "배설 값 ᄒ라!"라는 말을 자주 한다. 그 말은 '심벡'이라는 말의 연장선으로, "창자 값하라!"라는 뜻이다. 그 의미는 "자존심도 없느냐, 굴욕을 참지 말고 끝장내라"라는 말이다. 그래서 은근과 끈기를 가진 사람을 '뒈와진 거', '질 그랭이', 무골호인(순해서 누구에게나 잘하는 사람)은 '식은 거' 혹은 '헤밀 쌔기'라 하여 싫어했다. 그 대신 순식간에 휘몰아치는 돌풍처럼 욱하는 성질 즉 분명하고 열정적인 '모지지기'한 성격을 높이 샀다. 이런 면을 보면 제주 사람은 침착하고 인내력이 강한 담즙질(심리 행동, 동작, 정서 따위의 움직임이 세고 활발하며 진취력이 강한 기질)이라고 할 수 있다.

제주 사람에게는 민감하고 성질 급한 다혈질 요소가 강하게 나타난다. 이는 해민(포작인)에 가까운 기질을 제주 사람들이 품고 있음을 의미한다. 아울러 제주 사람의 시의심은 평등 사회에서 생겨난 '심벡'이란 경쟁심이 있다는 뜻이다. 제주 사람의 '심벡'은 서양역사에서 보이는 적당한 규모의 국가 왕족 간에 혼인하여 사돈 국가가 된 다음 결탁하고 동시에 경쟁하는 경우와 비슷하다. 예로부터 제주는 사돈을 맺은 이후에도 양 사돈이 일상적인 교류를 갖는 인연 문화지역이다. 그렇지만 예나 지금이나 사돈지간은 가깝고도 먼 사이다. 언제나 연대와 경쟁 관계가 항상 공존하고 있었다. 이러한 경쟁이 바로 제주 사람들이 가진 '심벡'이다. 제주 사람의 '심벡'은 자존감 경쟁이며 공존과 연대가 먼저 전제되었다.

### 자연의 교시(敎示)를 깨닫는 동물

제주 사람의 정신문화는 산업화 이전, 자급적 농업사회에서 형성된 촌락문화이다. 일반적으로 주민의 성격과 의식화, 내면화된 정신은 지역 자연, 경관, 생업에 따라 달라진다. 특히 문명이 아닌 문화라면 그 지역의 고유한 자연 및 생업 환경(풍토)을 배제할 수 없다.

상보와 조화의 동양정신은 여름철 고온다우 동안 계절풍기후와 높은 생산성을 갖는 논농사 그리고 모험과 투쟁이 덜 필요한 안전한 육상 생활 환경에 기인했다. 그러나 분리와 투쟁의 서양정신은 냉량 습윤 서안 해양성기후와 소맥(小麥) 작의 저생산성 그리고 모험의 해상생활 환경에 기인한다.

**제주 사람들은 유배자들의 사생아인가?**

어느 날 일본의 문학가 시바가 "제주 섬에 수재가 많고 미녀가 많은 것은 중앙에서 당화를 입어 유배 온 유학자 때문이다"라고 했다. 그리고 구한 말 왕실 고문 샌즈가 제주에 남아있는 남자는 유배인뿐 이라고 뜬금없이 말했다. 이뿐 아니라 몇몇 제주 지식인들도 이에 맞장구치며 제주도민의 3/4이 유배인 후손이라 그들에게는 선비의 피가 흐르고 있다고 주장했다. 그러나 이는 신뢰할 수 없는 황당한 말장난이다. 만약 그게 사실이라면 그 선조 유배인들을 입도 시조로 족보에 명기해야 한다. 하지만 그런 경우가 없다. 게다가 설령 제주 사람의 3/4이 유배인들의 후손들이라 양반의 후예라는 명예(?)를 얻기는 하겠지만 동시에 유배인의 '의실(현지 처나 첩이 낳은 사생아나 서자의 후예)이라는 불명예가 남게 된다.

물론 제주 사람들에게 풍수설 신앙, 가정의례 형식화 등 유교적 요소가 조금은 남아있다. 그러나 대가족 양반문화의 규범을 깊게 경험해 보지 않은 제주 평민들은 호강의 선비정신을 꿈꿀 형편이 안 되었다. 그보다 남녀평등 및 높은 이혼율, 의식주 생활에서 알 수 있듯이 제주 평민들은 자유분방하고 현실적인 것을 좋아했다. 이런 평민 문화를 가진 제주 사람들에게 있어 노동을 천시하는 양반문화 흉내 내기는 죽음을 의미했다.

"산 효자는 없어도 죽은 효자는 있다"라는 제주속담이 있다. 이는 살아생전에는 봉양하지 않다가 부모 사후에 온갖 음식을 마련하여 추모하는 것 처럼 하지만 엄숙함 없이 제사가 잔치인 마냥 떠들썩하다. 게다가 진심으로 슬퍼서 우는 울음대신 집사 명령에 따라 울었다 그쳤다 하며 돈받고 울어주는 곡품이나 곡비를 둔다. 이는 조상숭배 의례의 허구적이며 형식적인 정서다. 그 형식적 의례들은 모두 죽은 이보다 산 사람들을 위한 낡은 규범에 지나지 않는다.

**오현단** 제주유배의 상징적 공간인 제주시 오현단 전경.(각ⓒ)

그래서 제주 사람들은 조상추모가 아닌 조상숭배의 유교를 겉치레로 하고 있으며 내면세계에는 불교적 효도관을 갖고 있었다. 원래 정통 불교에서는 중국 유교에서 같이 죽은 조상에 대해 효(제사) 하라고 강요하지 않는다. 그렇다 해서 정통 불교에서 효를 무시하지도 않는다. 오히려 부모님 사후를 각자의 선행과 악업에 의해 극락이나 지옥에 다시 태어나는 것으로 여겼기 때문에 어버이 살아계실 동안에 더 극진히 공경하라고 했다.

### 부끄러운 환부역조(換父易祖)의 숭조문화(崇祖文化)

문벌을 높이기 위해 손이 끊긴 양반 가문으로 자기 조상을 바꾸는 환부역조 현상은 제주도에도 존재했다. 어느 시대에나 일부 종족집단에서는 그럴듯한 명분을 내세워 가문 위세를 쫓아 본관, 즉 자기를 낳고 길러준 할아버지와 아버지를 바꾸거나 거액의 헌금을 마련하여 족보를 조작하려 했다. 이 모두 어른들이 기회주의에 따라 호가호위하며 세도정치 바람을 타기 위함이다.

제주도에서도 일찍부터 본관 바꿔치기가 성행했었다. 예를 들면, 원나라 멸망 전 이미 제주로 이주했던 사람들과 멸망 후인 1389년 제주로 유배 온 원나라 양왕의 아들 위순 왕자 백백과 달달친왕, 그 외 여러 왕과 왕족, 귀족들의 후예들을 들 수 있다. 조선 성종 때 만든 『동국여지승람』「성씨조」에 보면, 제주도 성씨를 출현 시기별로 다섯 가지로 구분하고 각기 본관을 분명하게 명시하였다. 『동국여지승람』에서 제주도 성씨는 첫째, 토성(土姓)으로 제주를 본관으로 하는 고(高), 양(梁), 부(夫) 둘째, 원나라 지배 때 들어 왔다는 한반도 각지를 본관으로 하는 정(鄭), 김(金), 이(李), 문(文), 안(安), 현(玄), 양(楊) 셋째, 한반도와 중국에서의 이주민으로 김(金), 이(李), 박(朴), 림(林), 유(兪), 주(周), 변(邊) 넷째, 원나라 때 들어온 원(元) 즉, 대원(大元)을 본관으로 하는 조(趙), 이(李), 강(姜), 정(鄭), 장(張), 송(宋), 주(周), 진(秦), 석(石), 초(肖) 등 10개의 성 다섯째, 원이 망한 후 명나라 때 들어 온 원나라 운남(雲南)을 본관으로 하는 양(梁), 안(安), 강(姜), 대(對) 등이 있다.

여기에서 넷째와 다섯째로 분류된 성씨는 분명히 원나라를 본관으로 하고 있다. 그럼에도 지금 제주도에는 '대원'이나 '운남'을 본관을 하는 집안이 없다. 이렇게 원나라 본관이 사라진 현상은 원나라 후신인 명나라가 유교를 국시로 세워진 후 원나라 흔적을 지우는 과정에서 나타났다고 보인다.

### 네 탓의 반도문화와 내 탓의 섬 문화

"안되면 조상 탓, 잘되면 제 탓"이라는 말이 있다. 이는 과거 우리 사회가 자력에 의해 성공한 사람보다 출세한 조상이나 종친 덕에 잘된 사람이 많았음을 말하고 있다. 이 때문이라면 잘 입고 잘 사는 것이 결코 자랑일 수 없었다. 오히려 죄의식을 가지고 자기 비하하는 겸양지덕을 미덕으로 삼게 되었다. 자수성가한 사람들도 마찬가지였다. 그래서 이를 잘 알고 있던 선비들은 청빈 사상을 부르짖었다. 한국인들은 선조 덕분으로 부귀영화가 온다고 믿어 누구도 조상을 부정하지 않았다. 이것이 확장되어 혈족의 연장자가 누구든 그는 절대 잘못이 없음을 인정하도록 했다. 이 결과는 영욕의 모든 것은 내 탓(우리 탓)이 아닌 네 탓(너희 탓) 즉 "누구누구 때문(탓)"에 이루어지는 것이라 여기도록 하게 되었고 매사 의존적이 되었다.

한국인의 네탓주의는 배타적 혈연주의와 별개로 기층민이 신앙해 온 뿌리 깊은 무속신앙에서 왔다. 그러나 제주 섬 무속신앙은 탓의 문화로 설명되는 육지부 무속신앙과 다른 면이 있다. "자기에게는 관대하고 남에게는 엄격한" 탓의 문화야말로 한국인이 반드시 고쳐야 할 습성이다. 그러나 한탕주의로 장물을 취득하고 나누어 챙기거나 하지 않았던 제주 사람들은 오직 자력으로 생존 가능했다. 이 때문에 그러한 시혜(탓) 문화가 생겨날 수 없었다.

제주도 신당의 총본산인 송당 본향당 신화에는 부모 역할을 잘해야 한다는 내용이 있다. 소천국과 백주또는 18명의 아들을 낳았다. 그들 중 막내가 아버지 비위를 건드렸다는 이유로 상자에 담겨 망망대해로 쫓겨나

이리저리 떠돌다가 갖은 고생 끝에 천자국에서 맹장으로 수훈을 세워 그 공로를 인정받아 금의환향한다. 이에 놀란 부모 신은 보복이 두려워 도망가다가 제발로 죽었다. 그러나 막내는 한라산 토박이 수호신으로 '할로산또'가 되었다.

### 한국 만병의 근원인 족당주의(族黨主義)

한국의 고질적 병은 상고주의와 혈연에 의한 어른들의 족당 폐쇄증이라는 문화적 유전병이라 해도 과언이 아니다. 태생적으로 한국인들은 비혈족을 중용하면 머지않은 시간 내 집단이 와해 될 수 있다고 생각한다. 그래서 작은 지역에서조차 혈연공동체를 의식하고 사리판단 과정에서 객관성이 무너져 서로 이전투구 하는 경우가 많다. 일반적으로 혈연 배타성이 강한 지역은 지역 배타성도 강하다. 혈연이 응축된 가족주의는 유사시 여지없이 분열되는 의사 가족집단으로 확장되었다. 이뿐 아니라 학연에 의한 학당, 교연(敎然)에 의한 교당이 난무한다.

어느 시대 어느 지역이나 파당이 있을 수 있으며 서로 경쟁하는 일이 아주 자연스러운 현상이다. 그러나 빨리빨리 상대를 잡아 죽이고 혼자 나아가려는 대립 집단이 존재하기 때문에 문제가 심각하다. 자신과의 경쟁에서 이기는 것만이 상대를 굴복시킬 수 있는 유일한 수단이고 방법이라는 점을 간과한다. 이런 상황에서는 객관성, 합리성, 공정성 등을 기대할 수 없다.

게다가 민족의 정신적 통합이 불가능해 보인다. 조상숭배를 앞세워 지배와 복종을 강요한 족당주의 폐해가 한국 사회 곳곳에 만연해 있기 때문이다. 한국의 전통 엘리트정신은 지주로 군림했던 위선적 양반 정신인데 반해 민중정신은 소작인 정신이다.

그런 정신의 존재는 권위주의 지배층 양반들이 농자천하지대본을 앞세워 소작인들의 발명과 혁신, 확산 등 창조적 파괴에 의한 발전을 유발 촉진했던 개체주의를 부정해야만 가능했다. 아울러 평민들을 상공업에 종사하지 못하도록 하는 전략과 전술이 성공적이었기 때문에 가능했다.

**불평등의 지리적 원인**

제주도 전통사회에서의 생활은 자연과의 게임이었다. 육체적으로 부지런하면 그만큼 돌아오는 대가가 반드시 있었다. 그래서 육체적 근면함을 강조할 수밖에 없었다.

예로부터 제주에는 태풍과 홍수, 가뭄 등 천재지변이 많았다.

그러나 지금은 이로 인해 전 도민의 절대 기아 상태까지 이르지는 않았다. 지금은 짧은 시간 내 다른 지역에서 식량을 공급해 올 정도로 이제 제주도는 결절성과 배타성을 가진 외로운 섬이 아니다. 오히려 육지부 다른 많은 오지보다 접근성이 더 높아지고 있다. 이에 따라 비축의 의미를 내포하는 조냥 정신의 중요성이 많이 약화 되었다. 그렇다고 해서 낭비하라는 말은 절대 아니다.

매사 소극적 사람이 아닌 적극적 사람이 되기 위해 식량 절약만 아니라 모든 행위에 적용되는 선민들의 '가량 정신'을 계승하고 발전시켜야 한다. 앞으로 지역 구성원만 아니라 지역 밖 사람들과 자의든 타의든 관계를 긴밀히 하여 경쟁 속 공존 관계를 적극, 모색해야 한다. 사람은 자라면서 단계마다 성장통이 있다. 변화와 발전 역시 금단현상에 의한 진통을 수반한다. 하지만 제주도는 성장통을 두려워하면 안 된다. 그 어려움을 받아들여 극복해야 한다.

자본주의 사회에서 성공하려면 양질의 생산품을 만드는 장인정신과 근로정신을 가지고 생산 활동으로 얻은 이익을 비축하지 말고 확대 재생산에 끊임없이 투자하여야 한다. 따라서 단순히 조냥 정신만을 고집하면 얼른 절약만을 떠올리며 자칫 '좁쌀 정신'이 될 수 있다. 그렇게 되면 소극적 행동을 초래해 오히려 지역 발전을 저해할 수도 있다.

### 참치 같은 제주 사람의 인생살이

제주 사람의 에토스는 참치 형이다. 자기가 사는 바다밖에 모르는 넙치는 게을러 그 자리에 가만히 있다가 먹이가 굴러오면 재빨리 입을 벌려 먹는다. 하지만 참치는 계속 몸을 움직여 산소를 공급받아야 생존할 수 있다. 그래서 살이 빨갛게 충혈된 참치는 질식해 죽지 않기 위해 평생 헤엄친다. 잠자는 것은 뇌뿐으로 육체는 한시도 쉬지 않는다. 넙치가 대대손손 한 장소에 머물러 사는 동족 취락 사람이라면 참치는 여기저기 돌아다니며 섞여 사는 혼성(混姓) 취락 사람이라 할 수 있다. 제주는 넙치 양식장과 같은 파편적 동족 취락이 성립할 수 있는 지리적 조건을 갖추지 않았다. 따라서 넙치(소작인)와 양식자(양반)의 관계는 역사상 한 번도 나타나지 않았다.

제주 사람이 참치처럼 살았다는 말은 이어도가 삶의 끝이 아니라 '잇돌(디딤돌)의 디딜팡'처럼 건너면 다시 고해(苦海)고, 그 고해를 건너면 다시 이상향 상세국이 되는 영겁의 인생행로 이정표라는 의미이다.

제주 사람은 스스로 구르고 굴리면서 영원한 고통도 영원한 행복도 없는 윤환적 인생살이를 우직하게 살아왔다. 낙천적인 동족 취락 민중들이 그날그날을 위해 살았던 것과 달리 비관적 삶을 살았던 제주 사람들은 내일을 위해 오늘을 참으며 인생살이가 순환적임을 체험으로 깨달았다. 이제 과거 바다로 진출했던 선민의 얼을 이어받아 밀려드는 물결을 무조건 피하려 하지 말고 의연하게 대처하는 정신이 필요하다. 허리띠를 마구 조이는 '주냥'(절약)보다 허리띠를 적설히 동여매는 '가량'(절제)의 자립정신이어야 한다. 야궴다리(욕심쟁이)와 붓쟁이(깍쟁이)를 증오했던 선인의 얼을 되살려야 한다.

### 충효 이데올로그의 그늘

 과거 지역공동체 구성원들은 조상 대대로 살던 곳에서 태어나 조상처럼 살다 죽는다. 그러나 지금은 다른 지역 사람들이 제주에 들어오기도 하고 제주 사람들이 다른 지역으로 가기도 한다. 어쩌면 그들 모두 뜨내기고 도시인이다. 제아무리 토박이라 우겨도 정신적으로는 이미 뜨내기이다. 그런데 오늘날 지적 유목민이라고 불리는 뜨내기 도시인들은 서로를 믿지 못한다. 주고받음을 기약할 수 없는 뜨내기이기 때문이다.
 "난세라야 영웅도 성인도 나타난다.", "가난한 집에 효자 나고 어려운 나라에 충신 난다"라는 말이 있다. 이에서 보면, 사실상 충신이 필요 없는 나라, 효자가 생겨나지 않는 나라야말로 충신과 효자가 으뜸이 되는 나라보다 훨씬 살맛 나는 나라이다. 그런 의미에서 "우 존 소존 셔도 알 존 소존 웃나(부모 좋은 효자는 있어도 자식 좋은 효자는 없다)" 즉, '부모가 효자를 저절로 만든다.'라는 제주속담을 명심해야 한다.

### 불복종의 미덕

 『효경』이나 『예기』에서는 부도덕하고 파렴치한 부모라도 낳았다는 이유만으로 감성을 무시하면서 무조건 효도의 의무를 다하라고 한다. 그러나 유교에 덜 젖은 제주 섬에서는 "보리 떡을 떡 이엥 ᄒᆞ멍, 다심 어멍을 어멍엥 ᄒᆞ랴?(보리떡을 떡이라 할 수 있으며, 계모를 어머니라고 할 수 있느냐?)"라 하여 계모를 어머니로 인정 않는다. 그러나 일단 항렬이나 촌수가 위인 사람에게는 절대 순종하며 극진히 모셔야 한다는 형식적 유교 교의는 조상에게도 적용된다. 그리고 권력자를 위해 개인을 희생해서라도 무조건 충성하라는 데도 적용된다. 그러나 그것은 통일적 집권 군현제를 유지해 온 수도작 문화권의 도덕과 윤리에 지나지 않는다. 과거의 역사와 웃어른은 다 옳고 그래서 이를 따라야 한다는 과거지향적인 상고주의 논리는 모순이다.

제주 섬에는 '상잣듸 논 ᄆ쉬도 ᄒ두 번은 돌아본다(한라산 목장에 올려놓은 마소도 한두 번쯤은 돌아본다)'라는 말이 있다. 낳기만 해 놓고 돌보지 않은 부모는 부모가 아니다, 는 의미이다. 자작농 평민 문화에 의해 평등 의식이 강했던 제주 섬에는 권위에 맹종하여 도덕 불감증을 가져오는 문화가 싹틀 수 있는 파편적 동족 취락 전통이 아예 없었다. 그래서 효의 방법도 달랐다. 이뿐 아니라 형을 절대 공경하라는 제(悌)의 의식이 없는 개체를 앞세운 대동 이념이 실질적 이념이 되었다.

이제는 달라져야 한다. 그렇다고 의도적으로 충효 하지 말라고 가르치라는 말이 아니다. 다만 그것이 실효성 없는 지상 이념이 되어서는 안 된다. 그보다 시민 정신을 우위에 두어야 한다. 시대적으로 요청되는 정신은 "~하지 말라"가 아니고 해민정신처럼 대중이념을 찾아 제시하여 "~해야 한다"라는 적극성을 보여야 한다.

그렇다고 자연과의 교섭에서 이루어진 제주 역사 전부를 근본적으로 단절하자는 말은 아니다. 단절하자 해서 단절되지도 않는다. 왜냐면 바로 그게 지역 정신이기 때문이다. 제주 사람 정신은 제주도라는 자연을 배제하고 형성되지 않는다. 자연의 상관과 경관이 변하지 않는 한 대동하자는 정신은 제주 사람의 정신문화 기층에 깔린 영구불변하는 도혼(島魂)이다.

지난날을 돌아볼 겨를 없이 살아온 제주 사람들은 과거 연연하는 동족 취락민의 권위에 복종하거나 강요에 의한 효는 행하지 않았다. 그러나 제주 사람들은 오늘날 미래 지향의 문명사회에서 행해지는바 같이 동서고금에서 공통으로 볼 수 있는 합리적 당위와 인간주의로 행해지는 양친에 대한 보편적 부모 섬김을 다했다. 충은 대동 사회에 대한 것이다. 이를 도움은 못 주지만 최소한 남에게 피해는 주지 말자는 자립적 삶에서 찾았다.

### 인자(仁者)의 시대에서 지자(知者)의 시대로

하늘에 전적으로 의존하는 삶을 살았던 전통 농업사회에서는 어른으로부터 일방적으로 전해오는 하향문화를 추종하고 이를 그대로 반복하면 탈 없이 생활할 수 있었다. 그러나 산업사회를 사는 젊은이들은 하늘이나 어른들보다 자신이 창조한 삶을 살지 않으면 안 된다. 젊은이들은 시대에 맞는 새로운 문화를 적극적으로 창조하거나 수용해야 한다. 그렇게 생겨난 문화를 어른들에게 전파해야 한다. 그러나 대부분 어른은 쇠퇴해 가는 자신의 권위를 놓치지 않으려 안간힘 쓴다. 나아가 그들은 젊은이문화를 무시하기 위해 종교의식을 강화하거나 인습으로 판명난 전통문화를 재구성하거나 재무장한다.

혈연공동체적 자급적 농경 사회에서 볼 수 있는 하향문화 우세는 폐쇄 사회 전형적 문화유형이다. 하향문화 일변의 고집은 개방 사회의 적으로 치부될 뿐이다. 교육이 보편화한 사회에서 중등학교까지는 일반적으로 자급 농경 시대에 살았던 선대들에 의해 형성된 하향적 정신문화 가치교육이 일방적으로 주입된다. 그러나 고등교육부터는 가르치는 내용이 객관적이고 비판적이라 그들에게 이미 주입된 세계관, 인생관, 가치관의 결함들이 여지없이 폭로된다. 이로 인해 어린 시절부터 청소년기에 이르기까지 그들을 지탱해왔던 정서적 안정이 여지없이 무너진다. 그러한 현상은 다양한 직업을 가지면서 더욱 촉진된다. 그래서 어떤 전통적 권위도 이 이상 그들을 지배하기 어렵게 된다.

과거 농업사회와 산업사회 때는 무조건 남들처럼 열심히 하고 남들보다 더 열심히 하면 열심히 한 만큼 잘 먹고 잘살 수 있었다. 하지만 이제는 열심히 일해도 부지런한 가난뱅이에서 벗어날 수 없다. 모더니즘의 산업 시대에는 대량 생산만 하면 그게 곧 성공이었다. 그러나 지금은 포스트모더니즘 지식정보화시대다. 단순 모방보다 창의적 활동이 더 요구된다.

선비와 숭조로 표현되는 그 정신은 제주인이 가졌던 수평 사회의 정신문화 위에 권위주의로 표현되는 수직 사회의 정의와 정직을 덧씌운 것에 지나지 않는다. 따라서 이제 그 껍질을 벗겨내어 본래대로 수평 사회의 장점인 기회 균등의 실력주의를 고양해야 한다.

이제 드디어 그동안 선비정신에 가려졌던 해민정신이 그 모습을 드러내며 섬나라의 르네상스를 알리려 하고 있다. 제주섬 르네상스는 기존만을 고집하는 보수주의자처럼 과거를 맹신하는 것이 아니다. 또 맹목적 급진주의자같이 과거로부터 해방하여 환골탈태하자는 의미도 아니다. 그것은 현재를 이해하고 미래를 여는 열쇠인 과거를 찾아 이해하고 지배하자는 문화 운동이다. 이는 명실상부한 온고지신 운동이다. 다시 말해 우리가 역사의 심판을 받으려 말고 우리가 역사를 심판하자는 운동이다.

제6장
지역의 세계화와 해민정신

# 제6장 지역의 세계화와 해민정신

**동양의 아르카디아, 제주 섬**

지금껏 제주의 선인들은 수많은 고통을 참고 견디며 살아왔다. 특히 1960년대까지 존재했던 보릿고개는 사회적으로나 개인적으로 고통스러웠던 기억이다. 물론 이는 지난 시대 제주뿐 아니라 한국과 동아시아를 비롯한 전 세계가 겪었던 시대적 아픔이었다. 그러나 달리 보면 예전 제주인들이 겪었던 고통은 다른 지역보다 상대적으로 덜했다 할 수 있다.

왜냐하면 평민 자작농으로서 누구나가 겪었던 절대적 빈곤이야 있었지만, 상대적 빈곤감이나 박탈감은 다른 지역에 비해 다소 덜했었다고 여겨지기 때문이다. 돌이켜보면 전통사회 육지부 사람 대다수가 천민에 가까운 상민 소작인들로 지주와 양반의 지배 속에서 수수와 조, 기장으로 만든 거친 밥조차 제대로 못 먹고 살며 절대적 빈곤은 물론 상대적 빈곤과 박탈에 시달리며 지냈던 것과 대조적이라 할 수 있다.

물론 제주 섬은 절대적으로 자원이 부족했다. 그러나 다른 면에서는 상대적으로 풍요로웠다고 할 수 있다. 지주와 소작인이 없는 땅, 마름(권력

가의 소작지를 관리하던 사람)이 없는 땅, 각설이가 없는 땅, 도적이 없는 땅, 거짓이 없는 땅, 게으름이 없는 땅이었다. 더욱이 픔증(노동력이 없는 노약자에게 제공되는 혜택)과 구휼의 박애 정신이 넘쳐흘렀다.

이런 제주 섬은 캉유웨이가 『대동서』에서 이상 사회의 요건으로 말한 전쟁으로부터의 해방, 계급적인 불평등으로부터의 해방, 인종 불평등으로부터의 해방, 남녀불평등으로부터의 해방, 가족적 속박으로부터 해방에 가장 부합되는 땅이었다고 할 수 있다. 제주 섬 말고 세상천지 어디에 그런 땅이 있을까? 제주는 다른 지역에서 찾아보기 힘든 실존하는 이상향 오토피아(당위적 요청사회)인 동시에 동양의 아르카디아(명예와 권력, 탐욕과 욕정에서 벗어나 자연이 베풀어준 그대로를 거두며 사는 삶의 장소였다. 이를 증명이라도 하듯 오늘날 전 세계 사람들이 즐겨 찾는 땅으로 자리매김하고 있다.

한편 지역의 시대정신이란 지역이 처한 지리적 이점을 시대에 맞게 간파하여 발전의 충분조건을 만족하는 지리 사상이다. 이 때문에 지식인들

은 지역에 내재하는 정신 즉, 생활의 패러다임을 발견하여 이를 '무엇이다' 정의 내리고 변화하는 상대적 입지환경에 대한 비전을 제시하려 한다.

환경과 관련되어 형성된 정신은 문화로 이념화되고 역사로 전승된다. 그 문화는 지리적 조건이나 상황에 의해 만들어지며 세대로 계승된다. 흔히 문화가 사회·역사적 요인에 의해 만들어진다고들 한다. 역사는 지역환경과 밀접히 관련되어 형성된다. 역사가 그 세대 간 혹은 인간 간의 문화화 과정을 의미하는 사회적 시행착오의 누적 과정이기 때문이다. 이와 함께 전승되는 문화를 제2의 자연 혹은 환경이라고 한다.

지금까지 많은 예언자나 선각자들은 현재 사회의 문화를 흡수하고 소화하는 통찰력을 갖춘 다음 미래 정신을 찾아낼 수 있는 진취성과 보수성을 지녔다. 그러나 아무리 새로운 미래 비전을 갖춘 시대정신이라 하더라도 지역의 문화유전인자인 집단 무의식을 내재하고 있어서 전통적인 궤도를 크게 이탈할 수 없다.

따라서 아무리 좋은 정신을 수입하여 그럴듯하게 가공해서 제시하더라도 그것이 지역 환경과 괴리된다면 지역 정신으로 승화되지는 못한다. 이와 반대로 통찰력을 가지고 세계와 한국을 의식하지 않으면 그 어떠한 정신도 무의미하다. 왜냐면 시간이 갈수록 하나의 지역은 지역 자체의 절대적 환경뿐만 아니라 외부의 상대적 환경이나 사회적 환경에 큰 영향을 받기 때문이다.

이처럼 외부 세계의 사회적 환경에 영향을 받지만, 그의 대응 기반이 사회적일 수만은 없다. 지역의 지리적 기반에서 우러나온 사회적 대응 전략이 있어야 하기 때문이다. 아울러 문명 전파가 남북보다는 동서성을 지향하듯이 서로 비슷한 환경이라면 대응 방법이 상사적이며 보편성을 가질 수밖에 없다. 이 때문에 더욱더 주변 세계를 의식할 필요가 있다.

**개발은 파괴이고, 보존은 방치인가?**

오늘날 산업화와 도시화의 물결에 대한 대응 차원에서 그 지역에 알맞은 연고 산업 기반 생활양식과 지역 정신이 형성되고 있다. 여기에서 지역 정신은 촌민 정신이 아닌 도시 시민 정신이다. 이에 맞춰 제주 지역도 인류 사회의 정신적, 문화적 발전에 기여 하는 곳이 되어야 한다.

사실 제주의 발전 가능성은 무한하다. 동남아는 차치하고라도 14억 인구 중국과 1.5억 인구 러시아, 1.3억 인구 일본, 그리고 7천만 인구의 한국과 동남아시아 인구까지 합해 총 20억 이상 인구의 배후지가 제주에 결절성과 접근성, 폐쇄적 개방성을 동시에 가져다줄 수 있기 때문이다. 이렇게 제주만큼 발전에 유리한 곳은 전 세계 어디도 드물다. 이제 제주가 가진 지리적 이점만 살린다면 제주도는 동아시아의 진주가 되고도 남는다.

지역개발이라는 이름 아래 자행되는 환경 파괴는 심각한 사회문제이다. 이와 동시에 환경보존이라는 이름 아래 개발을 선의로 받아들이지 않고 근거 없이 마구 깎아내리는 폄훼심으로서의 '게욺'이나 천진난만한 의구심만으로 개발을 훼방하고 환경을 내 버려두는 것 역시 우려된다. 이처럼 파괴와 방치는 둘 다 경계해야 할 대상이라 할 수 있다.

세계사적으로 볼 때 일정 단계에서는 환경문제가 다소 심각해 보이지만 그 단계가 지나면 이에 대한 과학적 관리가 체계적으로 이루어져 자연스럽게 환경을 보전하는 데 유리한 상황이 전개될 수 있음을 알 수 있다.

**해민정신 그리고 시민정신**

문화는 향유와 지향의 두 속성을 가지고 있다. 향유하는 문화는 삶의 양상이다. 지향하는 문화는 철학과 교육의 지표이다. 삶의 다양한 양상은 묘사와 분석의 대상이다. 교육 지표는 이념적 정당성을 부여받아야 한다. 이는 가치 결단을 요구하는 사항이기도 하다. 어떤 인간을 길러야 하는가 하는 문제가 있기 때문이다.

지난 세기 역사를 돌아보면, 한 사회를 선도하고 지탱한 민중으로 서양에 시민, 일본에 조닌, 제주에 해민이 있었다. 제주의 해민은 시민적 삶을 살았던 민중들이다. 시민정신는 해민정신으로 표상되는 개체적 대동 주의라는 제주이즘과 상당히 부합된다. 진취적 포작인들은 유럽을 부흥시켰으며 청교도 자본주의 정신을 갖는 제3신분이며 미국을 일으킨 제4신분이라 할 수 있다.

이 때문에 포작인으로 상징되는 해민정신은 지역을 부양 선도하는 이념으로서의 민중정신이다. 무의기개 정신은 미국의 개인주의와 동의어로 쓰이는 개척정신처럼 나 아닌 나를 생각하는 개체적 대동 사회의 산물이다. 그러므로 개인주의지만 '나는 나다'라며 나만을 극단적으로 내세우는 이기주의와는 사뭇 다르다.

　제주에는 경쟁 원리를 자연스럽게 실천하는 개체적 '놈의 대동'의 전통이 있다. 따라서 혈족이라는 이름 아래 '우리'라는 연대 원리만 고집해 온 혈연적 족당 사회보다 발전에 유리하다.

　육지부에는 "굴러 온 돌이 박힌 돌을 빼 버린다."라는 속담이 있다. 제주는 돌이 많아 석다의 섬이라 불렸지만 빼어질까 봐 두려워하는 뿌리박힌 옹고집 돌(양반, 지주)이 없었다. 게다가 흑심을 지녀 호시탐탐 남의 자리를 탐내며 소신 없이 굴러다니는 얌체 돌(소작인, 천민)도 없었다. 지금껏 제주인들은 무주공야의 열린 지리적 공간 아래 아무 곳에 가서든 다른 사람과 갈등 없이 자기 삶의 터전을 마련할 수 있었다. 기회와 도전의 땅, 늘 열려 있는 신천지에는 빼짐에 대한 두려움이나 빼 버리려는 사악한 마음이 없었다.

　오늘날 도민 생존과 관련된 환경이 광역화하고 다양화되어 가는 상황에서 이제 제주도는 절대적 입지환경과 상대적 입지환경을 적절히 이용하는 도시 사회로 가야 한다. 이 땅에 퇴행적 은퇴자나 패배자가 아닌 생동하는 성취자 들이 살 수 있도록 역동하는 사회를 만들어야 한다. 이를 위해 해민에서 발견할 수 있는 무의기개의 시민정신을 바탕으로 세계 지평을 한껏 넓히고 외래 문물을 적극적으로 수용하는 도시적 사회로 성장해 나가야 한다.

### 시민화가 곧 세계화다

　제주 섬의 세계화란 제주적인 것이 세계화가 아니라, 세계적이라고 생각되는 특성을 제주 섬에서 발굴해서 이를 특화해야 한다는 말이다. 제주적인 것이 세계적인 것이라고 말할 게 아니라 제주적인 것에 내포된 세계적인 것을 발굴해 제시해야 한다. 막연히 제주적인 것만으로 세계 진출은 무모하다고 생각된다. 특히 인구증가가 수반되어야 하는 도시화 없이 제주 발전을 기대할 수 없다.

다시 말해 자유로운 문화 창조 활동 그리고 매사 연고주의가 개입되지 않는 투명하고 공정한 기회, 경쟁, 판단을 할 수 있는 풍토를 만들어야 한다. 이러한 모든 절차는 현 도내 상주인구로는 어렵고 외부에서 전입해 온 다양한 출신자들을 더한 상주인구가 최소 100만 이상이 되었을 때 가능하다.

아무리 산업화하고 아무리 사람이 밀집되었다 하더라도 계층과 직업, 출신지가 다양한 사람들이 모여 정(情)의 개입을 끊을 수 있는 익명 사회가 되지 않는 한 시민화를 위한 의식 개혁은 어렵다. 사람 사이 접촉이 빈번하고 종류가 다양해지면 자연히 불순한 정이 나타나기 어렵다. 그뿐만 아니라 개인이 반응해야 할 자극도 다양하다. 이는 개인행동의 다양화를 촉진한다. 그렇게 되면 이때까지 행동으로 발휘되지 못하던 그 어떤 힘이 그를 억압하고 있던 사슬에서 풀려나 잠재된 역량을 발휘하게 된다.

제주도는 면적으로 보면 분명 작은 섬이다. 그러나 문명화에 결코 좁은 섬이 아니다. 21세기는 세계적으로 도시화 완성의 세기라고 한다. 만일 상주인구가 100만이 넘기만 하면 면적이 크지 않더라도 문명화하는 데는 좁지 않다.

한편 한국인들 스스로 세계에서 가장 배타성이 강한 민족이라고 인정하고 있듯이 제주 사람 역시 스스로 배타성이 있음을 인정하는 경향이 있다. 그러나 제주 사람의 배타성은 1948년 '제주 4·3'과 1970년대 지역개발 붐에 따른 외래자본의 도입의 영향으로 결과라고 여겨진다. 실제 제주 사람 스스로 뚜렷하게 배타성을 인정하는 한편 나아가 열린 사회를 만들자고 주

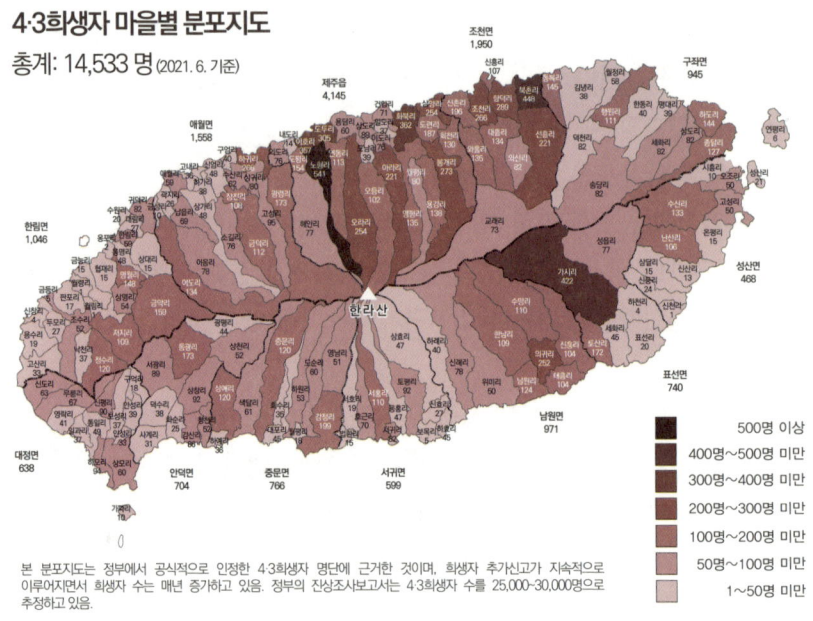

**4·3희생자 마을별 분포지도**
총계: 14,533 명 (2021. 6. 기준)

본 분포지도는 정부에서 공식적으로 인정한 4·3희생자 명단에 근거한 것이며, 희생자 추가신고가 지속적으로 이루어지면서 희생자 수는 매년 증가하고 있음. 정부의 진상조사보고서는 4·3희생자 수를 25,000~30,000명으로 추정하고 있음.

**4·3과 개발** 제주4·3과 개발 반대 투쟁의 경험은 제주 섬사람들에게 외부 세계가 가한 지독한 상흔으로 각인되었다. 이러한 외부 세계의 힘은 국가권력과 자본이다. 이를 극복해나가는 와중에 다시 벌어진 강정해군기지 조성과 최근의 신공항 논란까지 여전히 외부의 힘은 제주를 뒤흔드는 이슈의 발원지다.(위, 4·3평화재단 이미지, 오른쪽, 『사진으로 보는 제주역사』 사진)

장하기 시작한 시점이 1970년대 이후부터이기 때문이다.

    그러나 이제 상황이 많이 달라졌다. 기득권자인 선주민만이 제주 사람은 아니다. 제주 선인들은 백조 일손의 신념 속에 살아왔다. 따지고 보면 토착성이라고 알려진 고·양·부 3성 씨마저 도래자(渡來者)라 할 수 있다. 어떤 이는 삼성혈 역시 상단 골인 고 씨, 중단 골인 양 씨, 하단 골인 부 씨의 시조를 한 곳에 모신, 남성 지배 유교 문화에 의해 변질되어 버린 본향당이라고 주장하기도 한다. 결국, 세 성씨가 원래 제주 사람인지에 상관

없이 나머지 제주 사람 모두 입도 시기가 차이 날 뿐 누구나 신천지를 찾아 이주해 온, 도래자 임이 확실하다

일찍부터 외래 문물을 빈번하게 접할 수 있었던 제주 속의 섬 가파도와 우도에는 저명한 인사들이 많다. 그들은 단순히 인구가 적은 곳에 머물러 살던 사람들이 아니다. 그들은 도시인들처럼 누구보다 타문화와 접촉 빈도가 높고 참치처럼 세상을 많이 돌아다닌 시민적 민중이다.

세계사적으로 볼 때, 이질적 요소들이 섞이지 않는 곳에서 문명이 융성한 적은 단 한 번도 없다. 세계사적으로 능력자나 천재 혹은 성인이 출현하여 지리적으로 진가를 발휘한 곳은 대부분 사람이 뒤섞이던 도시이다.

애초 이 땅의 기득권자인 고·양·부 씨들은 혼성 취락에 살면서 개방적 의식을 가졌다. 게다가 자신들만 이 제주도를 지켜 나아갈 사람들이라 고집하지도 않았다. 따라서 순간을 영원이라 생각하며 이 땅을 일구어 온 선민들처럼 제주의 하늘과 땅과 문화를 이해하고 공감 공유하는 도내, 외 모든 사람이 진정한 제주 사람이라는 점을 명심해야 한다.

이제 참 제주 사람이라면 세련되고 열린 정신을 가져야 한다. 그 정신이 바로 제주도의 진정한 지역 정신이요, 거역할 수 없는 제주 사람의 시대정신이다. 이는 결코 아무것도 없는 상태에서 피상적으로만 조작된 공상 공론의 산물이 아니다.

**미래를 여는 해민정신**

지금까지 우리는 의연하게 자존, 자긍할 수 있는 제주 사람의 정신, 자신 있게 자아 정체감을 확립할 수 있는 제주 사람의 정신, 편익·미려함을 갖춘 제주 사람의 정신, 과거를 잊지 않고 미래를 지향할 수 있는 제주 사람의 오래된 미래 정신에 대해 많이 고민해왔다.

그 어떤 문화도 순수한 고유성을 가지기 어렵다. 그 어떤 문화도 다른 문화와 섞이며 진화해 왔다. 그러한 섞임 속에서 고유한 문화가 공통분모로 자리한다. 이같이 공통성을 가지면서 동시에 차이점을 갖는 것, 혹은 가지려 하는 것을 화이부동(군자의 자세를 나타내며 서로 조화를 이루지만 같아지지 않음)이라 한다. 육지부와 제주도는 오랫동안 공통된 역사를 지녔기 때문에 화이부동(和而不同) 문화를 갖는다. 따라서 육지부와 제주의 문화는 차이점과 공통점이 동시에 존재한다.

제주 섬의 문화는 아주 독특하다. 육지부 전통문화는 혈연 씨족연합공동체를 특징으로 하는 선비양반 문화이고 종법 사회 문화이며 지주 경제 문화이다. 그에 반해 제주의 전통문화는 씨족결합공동체를 특징으로 하는 민중, 평민 문화이며 도서 해양문화이고 자작 경제 문화라 할 수 있다. 이 두 문화를 달리 비유하면 육지부가 혈연공동체로 귀속지향 문화라면, 제주는 지연공동체로 평등과 자유, 그리고 성취지향 문화이다.

한 지역의 정신문화는 반드시 주체성이 전제되어야 한다. 문화의 주체성을 갖는다는 것이 반드시 문화를 창조하는 것은 아니다. 그렇다고 옛 문화를 자기 것이라 하며 수호하는 일도 아니다. 그리고 문화접촉에 의한 경장을 하는 것도 아니다. 여기서 문화의 주체성이란 자기 문화에 대한 권능을 갖는 것으로 창조, 수호, 경장(更張)을 다 합한 지역 정신이 의식됨을 말한다.

이제 기회와 도전의 땅 제주 섬이 변하고 있다. 언젠가부터 제주 사람 모두가 새로운 시대정신으로 거듭나려 하고 있다. 이는 정신문화의 재창조를 의미한다. 이러한 상황에서 제주적인 시대정신과 제주 사람의 꿈을 실현할 수 있는 제주 사람의 얼은 휴화산인 한라산처럼 오랫동안 잠자온 포작인으로 상징되는 해민정신이다. 해민정신은 이미 제주 사람의 집단 기억 속에 자리 잡고 있다. 제주 민중 정신인 해민정신은 자유, 평등, 평화 정신을 포함하고 있다.

사실 가진 자원이라고 해 봐야 제주도는 절대적 자원인 환경자원과 상대적 자원인 위치자원밖에 없다. 그런데 얼마 전부터 지역 간의 경쟁을 의미하는 등권주의와 함께 주민 스스로 권리와 책임을 다하도록 하는 지방자치 시대가 열렸다. 따라서 이제부터라도 제주 사람 상을 되살려 제주 사람 스스로 자아 정체성을 갖추어야 한다.

일반적으로 제주의 정신적 문화자원을 구체적 이념으로 보면 세 가지가 있다. 첫째 두려워함이 없이 모험심을 가슴 가득 심고 바다를 누볐던 상인, 어민임과 동시에 공장인 이었던 포작인의 개척정신, 둘째 빈번한 재난과 척박한 뜬 땅의 농경 생활에서 길러진 자립정신, 셋째 혼성 취락, 부부 중심 가족제, 은거 분가제, 백조일손 사상 등에서 보이는 개체적 대동정신이다.

생활정신으로서 개체적 대동 정신은 즉자적 대자의 상태로 "사람들 모두 서로에 대해 자유롭고 평등 하자! 그리고 화평 하자!"라는 제주정신과 맥을 같이 하고 있다. 따라서 이제 제주 사람 모두는 새로운 시대정신으로 거듭나야 한다. 미래 제주적인 시대정신이면서 동시에 꿈을 실현할 수 있는 제주 사람의 얼은 오랫동안 숨죽여 온 포작인으로 상징되는 해민 정신이다.

일반적으로 개체적 대동주의에서 개체적은 민주, 대동주의는 공화와 부합된다. 따라서 개체적 대동주의의 제주이즘 즉, 해민정신은 가장 지역적이면서 세계적 보편정신이라 해도 손색이 없다.

다시 강조하면 포작인으로 상징되는 진취적이고 도전적이며 열린 제주 해민의 기층 엘리티즘이 깨어날 때, 이어도 토피아는 제주 섬사람들에게 가까이 올 수 있다. 하지만 그 이어도 토피아는 무위도식 환락의 무릉도원을 의미하지 않는다. 이는 머물러 쉬다가 가다듬고 다시 가는 징검다리로 정신과 육신을 이어주는 끈인 영혼이 잠시 쉬는 안식 장소이지 영원한 안식처가 아니다.

여태껏 제주 섬사람들이 척박한 환경에서 불사조처럼 살아올 수 있었던 이유는 제주인이 가진, 자립정신, 심상(心象) 이념인 개체적 대동주의, 표상(表象) 이념인 해민정신이라는 제주정신을 창조하고 실천한 결과이다.

결론적으로 제주섬의 오늘을 있게 한 주체 정신은 바로 용·지·인 세 가지 덕을 고루 갖춘 해민정신이다. 따뜻한 가슴과 차가운 머리를 갖는 해민정신이야말로 세계로 열린 도민들의 혼이다. 해민정신은 우리 모두 '하로산또' 아래 백조일손 궨당이 되어, 스스로 힘쓰고 멈추지 말라는 교훈적 메시지요, 유산이 되는 자유·평등·화평(和平)의 제주정신이다.

"자립하여 살며 서로에게 자유롭고 평등하자, 그리고 대동하자!"